U0024898

4G
生活大未來

財團法人電信技術中心

胡志男、周傳凱等編著

邁向通信科技新時代

近年來通訊科技發展一日千里，行動通信技術不斷進步、通信與資訊跨領域結合以及智慧型手機等行動裝置持續暢旺，不僅為民眾的生活帶來更加便利的創新應用，並引發新的市場動能與發展契機。受惠於技術不斷突破及市場環境變化，不僅你我的世界觀更加寬廣，我們從未想像過的新興產業即將崛起。

電信技術中心向來秉持促進資通訊傳播產業發展為職志，過去九年來，除積極提升資通訊產品檢測、驗證能量，加速業者產品上市時程，及提供電信號碼可攜服務外，亦精進於前瞻創新技術研究。歷經九年鑽研，透過掌握通訊產業結合資訊產業的進化變革脈動中，集涓滴成洪流，也確實到了將這些科技智慧成果普及化，讓社會大眾得以分享，以蓄積再突破的動力。

《4G生活大未來》一書將4G科技的前世、今生及未來，以生活化的文字語言，作系統化及實用性的綜整與解析。由註記行動通信技術及服務市場環境今昔之變開始，繼之探索我們從未想像過的新興產業即將崛起，也透過情境加以解說，加深讀者的理解。至於全球與主要國家LTE服務及終端設備市場，在書中亦予以描繪；而且近日4G使用頻段及執照釋出的熱門話題，也有深入闡述。對於4G未來發展上該注意的內涵，也有詳盡的剖析。最後，對4G技術提出深度的視野，供有興趣的讀者進階閱讀，並協助讀者在科技變革洪流中，掌握新世界的商機。

期盼本書能使企業及民眾對於4G技術融入於生活的運用，有系統性的架構與認知。展望未來，4G將大幅改觀通訊傳播產業生態，本中心將秉持「前瞻、專業及活力」之理念，持續致力於前瞻資通訊產業技術能量提升，實現成為政府資通訊產業政策與技術之智庫，也希望各界能多給我們鼓勵與支持，共同見證資通訊產業的再一波榮景。

財團法人電信技術中心董事長

洪若用

專業研究成果邁向科普化的典範

依據世界銀行報告指出，寬頻服務普及率提高10%，可望帶動經濟成長提高0.08至1.38個百分點。同時，諸多先進國家將形塑4G服務產業價值鏈，視為刺激經濟成長、增強國際競爭力及創造就業機會之良方。爰此，世界各主要國家無不積極推動4G服務發展，釋出更多頻寬，或開放更多行動業務提供4G服務使用。為此，國家通訊傳播委員會（NCC）因應世界趨勢，亦著手積極辦理行動寬頻業務釋照事宜。《4G生活大未來》一書的出版正是財團法人電信技術中心（TTC）敏於技術變遷及市場環境脈動，適時啟迪民眾對4G技術及服務認知之具體展現。

TTC為國家通訊傳播委員會主管財團法人之一，支援政府資通訊傳播監理、技術及產業之研究為其主要定位。本書涵蓋當前國際有關4G技術、應用及服務市場之現況與展望，並適度著墨我國4G服務市場之發展。本書雖是4G科技專業書籍，卻能突破傳統的生硬寫法，將艱深的新興前瞻性4G科技，轉換為生活化語言，以深入淺出的文字及圖像，循序漸進地引領讀者輕鬆走進4G世界。作者在撰寫文章時，擷取大量國際及國內豐富且珍貴的資料，並巧立心思在題材、語法上生活化，既讓讀者悠遊於4G生活的愉悅情境中，又可作為專業筆記，讓讀者翱翔於4G科技的天空。

在浩瀚的資通訊科技領域裡，TTC繼建置國內唯一的電信號碼可攜集中式資料庫管理中心，及第一個國家級資通訊檢測驗證中心後，又針對前瞻新興資通科技，推出集結中心研究成果的科普專書《4G生活大未來》，此精心之作十分值得推薦大眾閱讀。

國立交通大學電信工程研究所教授
前國家通訊傳播委員會委員
李大嵩

擁抱4G，我們需要如此的想像力

我們特別欣見在4G於全球遍地開花的今日，電信技術中心推出了以4G未來生活為中心概念的好書。本著長期對於台灣市場的耕耘、觀察與技術推動，由電信技術中心來撰寫這個熱門題材，加上今年台灣加速4G進程的時空背景下，著實再適合也不過。

回顧電信行業在2012年如火如荼的發展，消費者以史無前例的速度熱情擁抱行動寬頻新技術，迎接數據海嘯時代的來臨，加上通訊技術與資訊技術正以前所未有的速度融合，行動、寬頻和雲端這三股力量，正強力推動著我們向萬物相連的網路型社會大步邁進。

正如愛立信於2011年提出的網路型社會概念，2012年已有許多產業合力建構發展，直至2020年，全球甚至將有500億連網設備，凡舉可以受益於連網的事物，都將會互相連結。展望大未來，我們原本的生活模式與樣貌將如何被顛覆？我們可以透過電信業的幾個趨勢窺見端倪。

行動寬頻的發展速度不斷超乎預期。根據GSA的報告指出，GSM服務經歷長達12年，才突破10億用戶大關，WCDMA服務亦歷時近11年，而LTE服務預估僅7年即可望達成，4G是歷史上發展最快速的通訊技術。

在LTE的技術推手之下，智慧型終端迅速普及，改變了人們的生活方式。有越來越多的人隨身帶著自己的寬頻去工作，有57%的智慧型手機用戶，在工作時會使用自己的個人手機簽約服務，用它來寄送郵件、規劃商務旅行、搜尋地點及其他更多用途。

同時，仰賴雲端服務亦改變了人們對電子設備需求的程度。在美國、日本、澳洲及瑞典，有超過50%的平板電腦用戶及大約40%的智慧型電話用戶，都已經能體驗到：輕鬆簡單就能在各種行動設備上，透過雲端技術無縫取得相同的應用程式及資料。

因此隨著智慧型終端普及被運用於各樣場景，數據使用量持續翻倍竄升。根據愛立信於2012年11月最新發布的《行動趨勢報告》指出，全球於2012第三季所銷售的所有手機中，約40%為智慧型手機；資料流量在2011年第三季至2012年第三季間就成長了一倍，並可望在2012至2018年期間以50%的複合年均增長率（CAGR）持續增加。對企業而言，big data（巨量資料）的處理更醞釀了無限商機。

在《4G生活大未來》一書中，特別採用深入淺出的故事以及圖表，勾勒出未來生活的面貌，其中輔以技術講堂說明重要的關鍵技術，亦囊括全球趨勢讓我們看見數位潮流的走向，對於台灣此刻加速走向4G化有提綱挈領之用，流暢易讀。不僅適合電信業、資通訊行業的業內人士與研究人員閱讀，一般大眾也可輕鬆領略4G的精髓。

誠如愛立信總裁兼首席執行長衛翰思總是鼓勵員工發揮創新的精神，他曾說：「只有你的想像力，才會限制即將真正發生的事。」（Only your imagination can put limit to what really would happen.）我們何其有幸參與4G大未來的其中，在這最好的時代以想像力為前進的動能，一同見證著歷史與社會變遷的軌跡。

臺灣愛立信（Ericsson）總經理

曾詩淵

科學的探險之旅

科學，science，源自拉丁文的scientia，原意是知識（knowledge），簡單地講，這個詞意指一種可重覆驗證，並經過創建和重新組織，可用來解釋與預測各種存在現象的系統性知識架構。

換一種方式講，科學可以幫我們解釋生活中的「為什麼」（why），並讓我們知道接下來或未來會發生什麼（what）、如何（how）或何時（when）發生，以及哪些（which）因素會影響。

再換個角度講，科學可以幫助人們知道如何改善生活、解決問題。

科學在現代人日常生活中的影響一直很大，也愈來愈大。你我醒著、睡著的每一秒都找得出科學的鑿痕。正如同我透過網際網路不到一秒就能在維基百科（Wikipedia）查到「科學」一詞的解釋與相關歷史，這看似極其平凡的一件事本身，就必須感謝一長串科學家和無數科學發展的貢獻。活過沒有個人電腦與網路時代的人，應該比較能體會這平凡生活事件底下的極其不凡。

日常生活與科學研究彷彿是兩個極度相交又狀似平行的空間。

科學，意圖建構一套簡單且通用的語言（譬如一條數學公式），但深植於日常生活中的語言本身卻有一種複雜化的傾向。或許我們可以將這個萬象世界的表層形容為「語言」描述的生活世界，而將「科學」期望描述的世界視為真實世界的底層。

「科學」很像是一種由表層（可見世界）向底層（未知世界）挖掘的歷程，科學的世界愈深愈窄、離人群漸遠、知音減多增少、工作日益單調……，漸漸地，科學家講的話一般人多半聽不懂。

科普書籍的出版，正好是這個歷程的反向操作，簡單講：就是將科學家才懂的話講得讓一般人都聽得懂。「科學」與「科普」若只是可逆反應的兩端，出版者的工作絕對會輕鬆很多。可惜，真實的情況並非如此簡單。科學人專注於挖掘真理，那出版人呢？

在這顆美麗的星球上，科學早已無所不在，但唯有透過人們想像力的催化，科學才能如虎添翼地為生活不斷創造奇蹟並寫下新的文明史。是的，今日對我們再普通不過的生活細節，對數十年或千百年前的人類而言，是奇蹟或神蹟。但如果大家只希望享受結果，這世界便不會有更多科學成果將我們向未知世界再推進一點點。

我們期望與專業技術領域的人才合作，協助各領域的專家們將他們手上如數家珍或易如反掌的專業知識，適度添加一些誘惑讀者的香料或搞一點小魔術，好抓住讀者的目光。從這個角度來講，出版人可能比較像是洞穴導遊，要對來自不同地方、擁有不同背景的遊客，深入淺出地介紹這些用邏輯交談的科學家們，為什麼、如何在我們腳下的生活世界裡挖了這麼多看似稀奇古怪的洞穴和祕徑。

「是的，這裡是洞穴之旅的報到處，你準備好要去探險了嗎？」

白象文化發行人

張輝潭

Magic

手機裡的精靈

Evolve

演進

3 Smart
顛覆想像

4 Limitless
無線，無限

錄

表目錄

十年前，你是否想像過餐廳裡、公車上的人們都成了「低頭族」？

十年前，你是否料想到一根手指可以搞定你的社交、娛樂？

「通信」本來只是一項便利聯繫的生活科技，

現在，它正在展演迷人的魔法，緊緊抓住大眾的目光。

十年後，誰知道行動通信會如何塑造未來人類的生活面貌，

又將帶來什麼樣的「magic」呢……

Magic
手機裡的精靈

清晨。

手機在設定的時間播放出昨晚選取的音樂，音符透過喇叭輕輕流洩，喚醒睡夢中的你。

起床後，一邊盥洗，一邊將手機切換到新聞頻道的報導。

站在衣櫥前，螢幕顯示出現在的氣溫以及配合你的行事曆行程建議的衣著。

突然，螢幕跳出重要訊息通知，因為預設的股票停利點已達到，點擊一下螢幕，送出交易申請，五分鐘後順利賣出。

早餐後，手機傳來訊息，提醒今天父親要回診領取高血壓藥物；點擊一下螢幕，從雲端調出這個月父親每日的血壓脈搏記錄，傳送到診所，完成線上掛號，經過認證程序，也一併在線上付了診療費，待醫師線上診療後，藥物即可寄出。

出門前，在國外出差的妻子來電，兩人透過視訊互道早安；想起妻子晚上就要回來，趕緊將妻子喜好的關鍵字鍵入手機，在龐大的雲端資料庫中，馬上搜尋列出幾筆精準的餐廳需求，還有加註過去曾留下的用餐經驗與評價，挑了一家不曾去過的，點擊一下螢幕，餐廳現場攝影機即時帶出環場畫面，馬上預訂了窗邊的雙人座位，並一起訂了餐廳附加的訂花服務，今天晚上要給妻子一個驚喜。

推開門，美好的一天就此展開！

在一支不過手掌大的手機裡，一切安排妥當。

沒錯，你我正處於「手機世代」。以上的手機世代生活畫面，絕非幻想。世界在「通信科技」的軸線上產生一種驚人的翻轉，猶如魔術師從帽子裡拎出一隻兔子，在一支小小的手機裡，全世界都彷彿找到一個「魔幻出口」，熱切地將一切可能與不可能都送到你眼前。

因此，很少人能抗拒「低頭」的誘惑。

手機的古老前身可推到距今（2013）一百五十幾年前誕生的「電話」，但現在，手機不只是電話，也不單純使用於兩個人之間的通話。

「手機是一切！」可能快要成為不算誇張的形容。也難怪年輕人開始出現離不開手機的「無手機恐懼症」，「低頭族」成為不分男女老幼的共同識別標識。這一切驚人且快速的變化，與網路的普及化和通信科技的發展有極密切的關連。但是你對通訊的發展有多少瞭解？對它的未來又掌握到什麼程度？就讓我們從頭來看看。

Are you ready?

食	挑選餐廳、訂位
衣	配合天氣之衣著建議、購物可即時網路比價、特賣資訊彙整
住	買屋、看屋圖片；分區房價；裝潢建材詢價；訂旅社；遙控家電設定；保全設定
行	GPS導航、高速公路路況查詢、訂車票、機票、國際漫遊、各類轉乘資訊、公車到站時間、捷運；汽車防盜
育	隨身語言學習機、各類知識大全（如：中藥等）、各國語文辭典、網路新聞
樂	看影片（Youtube等）、上各類社群網站（Facebook、Twitter等）、微博、免費通信軟體（含簡訊及通話）、玩遊戲（單機及網遊皆有）、拍照、攝影、聽音樂、看電子書、電視直播、電視節目表、聽廣播、照片編輯、鈴聲編輯
其他	隨身記事（文字、圖片、錄音、影片皆可，並同步至網路平臺及其他電腦）、雲端空間、手機通話量控管、網路流量管制、掃描文件、空間丈量、看風水、占卜、股市資訊、記帳等等

1-1 Are You Ready?

1897年5月13日，被譽爲長距離無線電傳輸之父的義大利發明家馬可尼（Guglielmo Marconi）改進無線電傳送和接收設備，成功送出一則橫越英國布里斯托爾海峽（Bristol Channel），由英國南威爾士（South Wales）的Lavernock Point到位於海峽中間的弗拉特霍姆島（Flat Holm Island）的無線訊號，距離約6公里。

這是人類史上第一則無線長距離發送訊息，內容是——Are you ready？

當時，電話已發明及運用約四十多年，但電話受線（限）不利於長距離通訊，因此科學家開始思考如何將電話與無線電（radio）做結合，這就是早期行動電話（mobile phone）發展初期的主要概念。

1906年聖誕節前一夜，加拿大發明家范信達（Reginald Fessenden）在美國麻薩諸塞州完成歷史上首次無線電廣播，他廣播了自己用小提琴演奏「平安夜」和朗誦《聖經》片段。

邊動邊說不容易

無線電的應用朝「行動電話」方向的構思，是由美國貝爾實驗室在1946年推出了裝置於車上的「行動電話服務」開始，如同早期的電話，該系統仍需由接線生（operator）居中服務。隔年12月11日，貝爾實驗室一份內部的技術備忘錄（technical memorandum）提出了最早的「蜂巢式行動電

美國聯邦通信委員會

Federal Communications Commission，簡稱FCC。於1934年由Communicationact建立是美國政府的一個獨立機構，直接對國會負責。通過控制無線電廣播、電視、電信、衛星和電纜來協調國內和國際的通信。

話系統」（Cellular Mobile Telephone System）的概念原型，但由於受到美國聯邦通訊委員會（Federal Communications Commission, FCC）對通話頻率可用數量的限制，以至於技術一直停留在理論階段，未能有太大的發展，不過美國到了1964年已有約一百五十萬的行動電話使用者，市場價值也已然浮現。

瑞典的國家電話公司Televerket其實在1955年就已經建立了歐洲第一間行動電話公司，客戶到1980年雖僅有兩萬餘人，但卻奠定北歐國家後來成爲行動電話發展領先地位的基礎（如芬蘭的Nokia、瑞典的Ericsson）。丹麥、挪威、瑞典、芬蘭等北歐四國由於比鄰而居，因此共同投入開發跨越國界的行動電話系統，於1980年開發了全世界第一套公眾蜂巢式行動電話系統NMT（Nordic Mobile Telephone），並迅速蔓延到全球，其應用也從原來的汽車行動電話擴展到提供個人通信的應用。

其實，行動電話眞正的商業化應用開始於日本。1979年12月3日東京便推出全球第一套正式商業化的行動電話系統MCS（Mobile Control Station），正式開啓了蜂巢式行動電話世紀，隨後並推廣到東京以外城市，不過通話品質不盡理想。美國也是到1970年代後幾年才開始建立行動通訊的標準AMPS（Advanced Mobil Phone Service）。

在此同時，網際網路（internet）也於1990年代開始朝大眾使用開放普及，並在日後的發展中與行動通信科技產生密不可分的關係。

終於不用再背著機器講電話

當長距離無線訊號傳輸技術發展出來後，最早的應用多半是在軍隊中的戰況確認與戰術聯繫，在戰爭電影最常見到通信兵背著一臺重約38磅（約17公斤）的機器辛苦地穿梭在戰火中，那時候無線電傳輸距離約3英哩（5公里內）。

二次世界大戰期間，美國電信大廠Motorola已開始爲軍方設計製造軍用型無線電收發器，甚至已製造出手持式無線電對講機。

戰後，貝爾實驗室在1946年發表了一款重達80磅且塞滿整個後車廂的車用型行動電話系統，雖然該系統昂貴且不實用，但已讓行動通信在商業上的應用逐步展開。

在接下來的數十年間，以美國、日本與北歐各國的努力下，行動電話逐漸朝縮小體積（小型化）、減輕重量（輕量化）、提升通話品質與穩定度的方向不斷強化設計與改善功能，同時在網際網路快速發展和電腦設計製造技術不斷提升的環境下，也開始朝行動網路（mobile internet）、行動商務、行動影音休閒等多元應用方向發展。人類利用無線電技術進行通信至今（2013年）不過百餘年歷史，商業化應用約三十多年，但無線通訊技術以超乎想像的速度發展至今，已成爲全球通信的主要方法之一，行動通信產業與3C電子產業已成爲全球經濟發展的重要一環，更在未來的生活科技應用上扮演著極爲關鍵的角色。

原本通信科技只是用來改善人們遠距離行動聯繫的便利性，如今，愈來愈聰明且厲害的手機已無法單純視爲一種「通訊工具」。就像一場跨越時空的魔術一樣，魔法的帽子早已進化爲日本卡通《哆啦A夢》的百寶袋，人們可能猜不出來一支小小的手機裡還會變出什麼驚人的把戲。

行動電話從一部笨重的大機器縮小到不過手掌大輕薄，這是最初的手機發明者所始料未及的。除了最基本的通話功能，還可以用來收發郵件和簡訊、上網、玩遊戲、拍照，因此有人比喻手機就像瑞士刀一樣功能面面俱到。

表1-1 行動通信演進簡史

年代	行動通信進展
1897	馬可尼改進無線電傳送和接收設備，成功送出橫越英國布里斯托爾海峽的無線訊號。
1940	Motorola爲美國軍方設計製造可攜式（肩背）無線電收發器SCR-300，在第二次世界大戰中被廣泛運用。
1942	Motorola爲美國軍方生產的第一支無線電「手持對講機」（handie talkie）SCR-536。
1946	美國貝爾集團（Bell System）首次展示第一套商業運用的行動電話服務MTS（Mobile Telephone System），重約80磅且體積大，收費昂貴。
1947	美國貝爾實驗室提出行動電話系統的觀念。
1956	瑞典愛立信行動系統（Ericsson's Mobile System A，MTA）爲汽車設計製造的行動通訊裝置，一支重達88磅。
1964	Motorola改進汽車行動通訊裝置，重量減輕至一支約40磅。
1973	Motorola開發了世界第一款手持電話原型概念機Dyna-TAC。
1979	日本開發全球第一套正式商業化的行動電話系統MCS。
1980	北歐四國開發了全世界第一套公眾蜂巢式行動電話系統。
1981	歐規第一代類比式行動通信NMT系統於瑞典及挪威開始營運。
1983	美規第一代類比式行動通信AMPS系統開始營運，Motorola DynaTAC電話也順勢推出市場，重量不到2磅。

1985	肩背式電話誕生。
1988	國內開放之「顯示型無線電叫人業務」將服務推向多元化，包括：個人傳呼、資訊廣播與多元化資訊服務等。不過由於行動電話的普及，只能單向通訊的「B.B. Call」，最終被功能更爲強大的行動電話取代。
1989	臺灣於1989年7月開放第一代行動電話業務（1G）採用北美「先進式行動電話系統（Advanced Mobile Phone Service，AMPS）」，以090字頭開啓行動電話新頁。
	Motorola發表首支掀蓋式手機MicroTAC，手機尺寸首次縮小到口袋規格。
1990	2G標準作業系統通過。 歐洲電信標準協會（ETSI）完成第二代（2G）行動通信標準的制定。
1993	IBM Simon或許是第一支將行動電話、呼叫器（pager）、傳眞機與PDA結合爲一的「智慧型手機」，其功能有日曆、聯絡簿、時鐘、計算機、筆記本、電子郵件、遊戲與一個觸控螢幕式的QWERTY鍵盤。
1996	國內開放第二代行動通信（2G）業務。
1997	國際電信聯盟（ITU-R）提出IMT-2000計畫，開始進行3G標準的制定。
	手機真的有「智慧」了 Nokia 9000 Communicator爲將手機眞正帶入智慧型手機時代的產品，該手機堪稱一臺迷你電腦，略具網頁接收功能，也是QWERTY鍵盤首次在手機上出現。
1998	**手機天線不見了** Nokia 8810爲首支隱藏式天線的手機，鍵盤滑蓋設計亦讓手機外形更具美感。

QWERTY鍵盤

QWERTY是基於拉丁字母設計的打字機和電腦鍵盤布局。「QWERTY」即是該鍵盤布局字母區第一行的前六個字母（如圖）。鍵的安排順序由克里斯多福．蕭爾斯（Christopher Sholes）設計。以QWERTY排列的打字機在1874年量產，從此成為應用最廣泛的人機介面，大部分的電腦都是使用QWERTY鍵盤，許多手機後來也開始採用。

1999	3G標準作業系統通過。 第三代合作夥伴計劃（3GPP）組織完成第三代（3G）行動通信標準的制定。
	手機成為年輕流行象徵 使用最受歡迎的手機之一Nokia 3210，首次可傳送內建的圖像訊息，並第一次將使用者設定爲年輕族群。
	行動網路上線 首支結合無線應用協定（Wireless Application Protocol, WAP）的手機Nokia 7110發表，雖然還只能做接收文字爲主的網頁訊息，已以朝行動網路（mobile internet）應用踏出革命性的一步。
2000	日本相機大廠Sharp、Olympus與Philippe相繼發表具照相功能的手機，Sharp發表的J-SH04（J-Phone）具有圖像電子郵件功能，成爲後來的MMS應用前身。
2001	國內引進數位低功率無線電話PHS（Personal Handy-phone System）系統。
2002	國內開放第三代行動通信（3G）業務。
	RIM公司推出了第一款黑莓手機5810。這款手機配置了一個內置的Qwerty全鍵盤，側重電子郵件的收發。
	微軟公司推出的Pocket PC Phone Edition像野火一樣蔓延掌上電腦，包括惠普的Jornada928無線數字助理，集結成兼具無線語音和數據功能的PDA。
2003	國際電信聯盟（ITU-R）開始討論後3G（Beyond 3G, B3G）技術演進的趨勢。
2005	國際電信聯盟（ITU-R）提出IMT-Advanced計畫，，開始進行4G標準的制定。
	美國手機大廠Motorola發表ROKR E1，是第一支結合蘋果電腦iTunes音樂播放功能的手機，但一次只能管理100首歌曲。

國際電信聯盟

International Telecommunication Union，簡稱ITU。為聯合國轄下機構，主要負責確立國際無線電和電信的管理制度和標準，包括制定標準，分配無線電資源，組織各個國家之間的國際長途互連方案。

2007	國內開放行動寬頻通信（WiMax）業務。
	3G應用服務全面展開，美國蘋果電腦Apple發表革命性手機iPhone，將手機帶入注重使用者介面的觸控時代。
2008	3GPP提出全新「LTE長期演進」（Long Term Evolution）的技術標準。
	臺灣手機大廠宏達電發表全球第一支在Google Android平臺運作的智慧型手機HTC Dream slider。
2010	3G進化至3.5G乃至3.9G。
	臺灣手機大廠宏達電發表全球第一支達到4G標準（WiMAX）的手機HTC EVO 4G from Sprint。
2012	國際電信聯盟（ITU-R）通過LTE-Advanced與WirelessMAN-Advanced兩大技術標準均為第四代行動無線寬頻通信技術。

資料來源：http://www.businessinsider.com、TTC；水邊整理

各世代手機

1-2
你4G了嗎？

G是重量單位公克（gram）的簡稱，也是物理上代表「重力加速度」（Acceleration of gravity）的符號。在電腦產業，G則是硬碟、隨身碟、記憶卡的資料儲存容量Giga的簡寫。

在行動通信技術的發展上，G只是用來指一個技術世代（Generation）的開始。換言之，第一代的行動通信技術就叫1G，等到相關技術或概念有了某種大程度的演變或加強之後，在這個技術領域的專家們就開始以2G、3G到4G的名稱來指稱及辨識該階段通信技術發展的概況。

在正式介紹行動通信技術的概念前，我們可以先由圖1-1來概略掌握1G到4G及其後的發展應用方向與差異。

圖1-1 行動通信發展的軌跡

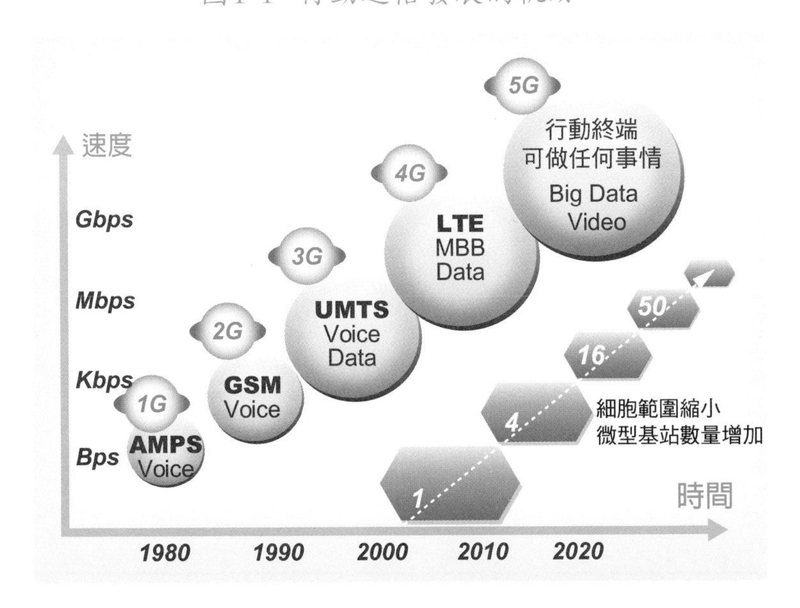

從上圖可以很容易看出來，每一代的發展大約都朝著通信速度加快、資訊傳輸量加大與蜂巢細胞（cell，後述）縮小且數量增加等三種大方向演進。另一方面，資訊傳輸的穩定度、安全性及傳輸效能也是新世代通信技術共同追求的方向。

從應用面來看，2000年以前早期的1G與2G系統都還只能應用在語音（voice）服務，也就是只能通話。3G以後的技術將傳輸速度與資訊傳輸量提高到一個符合實際應用需求的標準，於是傳輸內容加了「料」，除了語音也增加了「資料」（data），如文字與符號。接下來的發展都在這個基本方向上去擴充「傳輸資料」的內涵，因為當速度與傳輸量不斷超越前一代的瓶頸，人們會渴望將任何有用的生活與工作資料都帶到自己身邊，隨時隨地取用。

這個發展方向其實與電腦極為類似，追求的也是CPU處理速度的提高、硬碟與記憶體容量的擴大、網際網路傳輸速度與傳輸量的放大、系統的穩定與安全性。

也難怪這兩大科技的應用層面愈來愈糾纏在一起，因為人類文明追求的目標看起來複雜，其實也很簡單只有三點：再快一點、再多一點、再方便一點。

技術的極限到那裡，人們的需求就往那裡放大。現在的電腦或手機開機只需幾十秒鐘也會被嫌慢，看線上影片或玩遊戲不能有半點lag（延滯），硬碟容量大到用不完。然而，不過在十幾二十年前，等待開機數分鐘與整理硬碟數百MB有限空間都還是可以訓練耐性的美德呢。

無線電的通話原理

在進入行動電話通訊原理之前，我們得先對於無線電的通話原理有些基本的認識。

無線電波（Radio）是一種能在自由空間（包括空氣和真空）傳播的電磁波。無線電技術就是運用無線電波來傳播信號的技術，其基本原理是：導體中電流強弱的改變會產生無線電波。因此工程師可透過調變（modulation，或稱調製）程序將信息加載於無線電波之上，並傳播到彼方收信端，電波在收信端引起的電磁場變化會在導體中產生電流，此時以解調程序就可將信息從電流變化中提取出來，達成信息傳遞的目的。

無線電技術發展初期，調變技術簡單，因此產生如摩斯電碼（Morse Code）那類斷續的聲音信號，適合應用在航海無線電報。

在無線廣播電臺方面，調幅廣播（AM）與調頻廣播（FM）就是以訊號的「振幅調變」（Amplitude Modulation）與「頻率調變」（Frequency Modulation）來區別調變方式的差異。

電磁波的頻率愈高，可傳送的距離就愈短。

調頻廣播的邊帶（sideband）還可用來攜帶如電臺標識、節目名稱簡介、股市信息之類的數字訊息。在某些國家，調頻收音機在移動到一個新地區後，可以自動根據邊帶信息尋找到原來的收聽頻道。

調變

Modulation。調變是指一種將訊號注入載波的技術，訊號便可藉此方式轉變成適合傳送的電波訊號，不同的調變方法（如調頻、調幅）就會調變出傳送特性不同的電波訊號。收到訊號後解出原始訊號的過程即稱為解調。調變可以將訊號的頻譜搬移到任意位置以利訊號傳送，並讓頻譜資源充分被利用。譬如若不進行調變就把訊號直接輻射出去，那麼各電臺所發出訊號的頻率就會相同。調變的作用等於是讓相同頻率範圍的訊號分別附載於不同頻率的載波上，接收機就可以分離出所需的頻率訊號且不會互相干擾。調變可說是在同一通道中實現多路運用的基礎。

頻率對了，講話才能通

無線電要能夠順利發送與接收，「頻率」（frequency）是很重要的一個條件。這用收音機來說明最清楚。每個電臺都必須先擁有一個獨一無二的「頻率」數字，才能播放節目。譬如某廣播「99.9電臺」的設備會將聲音訊號以頻率99.9MHz的頻率放送出去，收聽者也必需將家中的收音機轉到99.9的頻率位置才能聽到「99.9電臺」的節目。因此，天空中其實充斥著無法盡數的「訊號」，人們手上的「接收器」只要調對頻率，就能接收到該頻率攜帶的訊息。

假設今天某地下電臺也以頻率99.9MHz去放送其節目，在較接近該地下電臺的區域就會收不到「99.9電臺」的節目，因為該區域地下電臺的放送功率較強，這就是所謂的「非法蓋臺」。

無線電的「頻率」特性，讓世界各地的廣播都必需由各國政府機關以審核及分配的方式來規劃無線訊號的「頻段」分布，這也很像飛機在偌大的天空飛行，仍得遵照特定航線與高度飛行，才能避免訊號天空失序。

這個概念一樣適用於行動電話系統。

電臺是單向播送，行動電話是雙向傳送與接收，就好像把電臺的發送器與收音機合起來成一臺新機器，既能傳送訊息，又可接收訊息，單向播送變成了雙向通話。

為了避免通話訊息受到干擾而造成錯誤的傳遞，在頻率的規劃與設定上須有更複雜與嚴格的機制，因此，各個國家有自己的通訊頻帶範圍，該國內的各行動電信公司也都被分配了特定的通信頻段。使用者只是撥了一組號碼出去，在電話接通之際，通話的雙方已經在某一特定且不被干擾的頻率上接上線。

一般政府、消防、警察等單位所使用的專用無線電，由於不需要很高的系統容量，也不強調通信服務的多樣性，無法符合一般民眾的通話需求。因此，政府便以特許的方式，開放民間業者經營多元化的公眾電信業務，以滿足廣大民眾的通信服務需求。

註：專用電信是指公私機構、團體或國民所設置，專供其本身業務使用之電信。例如用於漁業、電力、警察、消防、鐵路、公路、捷運、氣象、醫療、海上巡邏、港口導航/港埠管制、機場地勤、森林防災、山區巡邏等。一般大眾所使用的固定或行動等電信服務，稱為公眾電信。

無線電的接力賽

電話可以將聲音從甲地傳送到乙地，靠的是甲乙兩地之間的一條電話線。若不想靠四處鋪設電話線這麼麻煩的方式來傳遞聲音，就要改用無線電來操作，看起來雖然較方便，但實際上無線電有傳輸距離的限制，雖然不用鋪線，但只能在有限的範圍內可以接收到足夠清晰的訊號。現在警察或計程車仍可在一個範圍內用無線電設備來達到通話或叫車的目的。要擴大傳送的範圍，只能以擴大的發送功率來達成。

當甲地到乙地的距離拉遠數倍，超過無線電可清晰發送與接收的範圍，有什麼方式可以將甲地的聲音清晰地傳送到乙地？

貝爾實驗室想到一個像「接力賽跑」的方式，這就是行動電話最基礎的原理：「蜂巢式行動電話系統」（cellular mobile telephone system）。

工程師的原始概念是，倘若我們在甲地與乙地之間建置幾個「中繼站」叫BS1、BS2，每個中繼站都具有發送與接收訊號的功能，因此當訊號從甲地傳送到乙地，甲地發出的訊號只需用較小的功率發射到BS1，接下來BS1再將訊號「接送」到BS2，BS2再將訊號送達乙地。接下來，當甲乙不是固定位置的概念，而是某甲與某乙兩人，當甲要撥電話給乙時，且雙方都在「移動中」，不在固定的位置，這時候的中繼站不但得有「中繼」功能，還要有「接力」的作用。

行動電話用戶可以在移動中與他人相互的進行通話服務，主要是運用肉眼所看不見的電磁波作爲通信的傳遞媒介。當用戶撥打行動電話時，手機訊號會傳送到最近的基地臺，行動網路會隨著用戶的位置把信號交遞給下一個最近的基地臺，一個個基地臺接續交遞信號，所以即使通話雙方在移動中，通信也不會中斷，如圖1-2；圖1-3則說明了「蜂巢式行動電話系統」的運作概念。

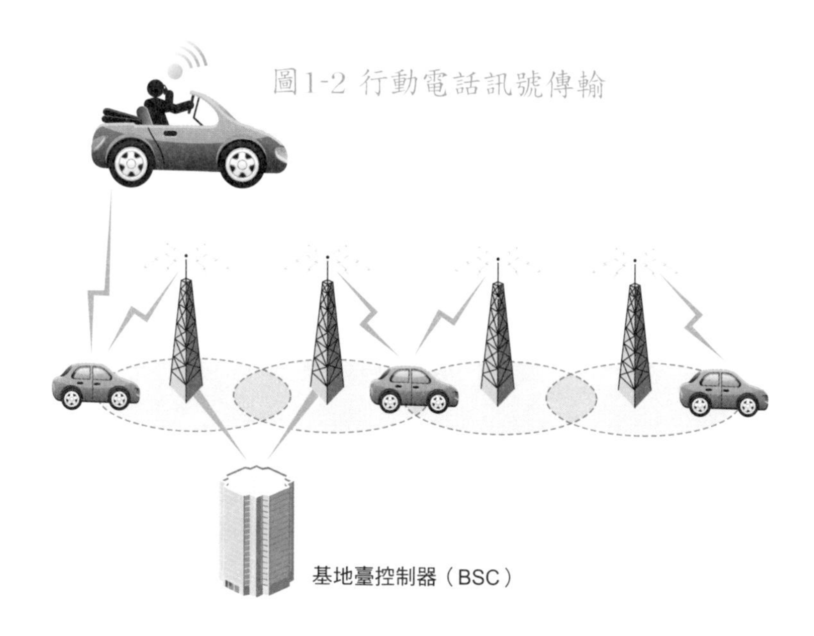

圖1-2 行動電話訊號傳輸

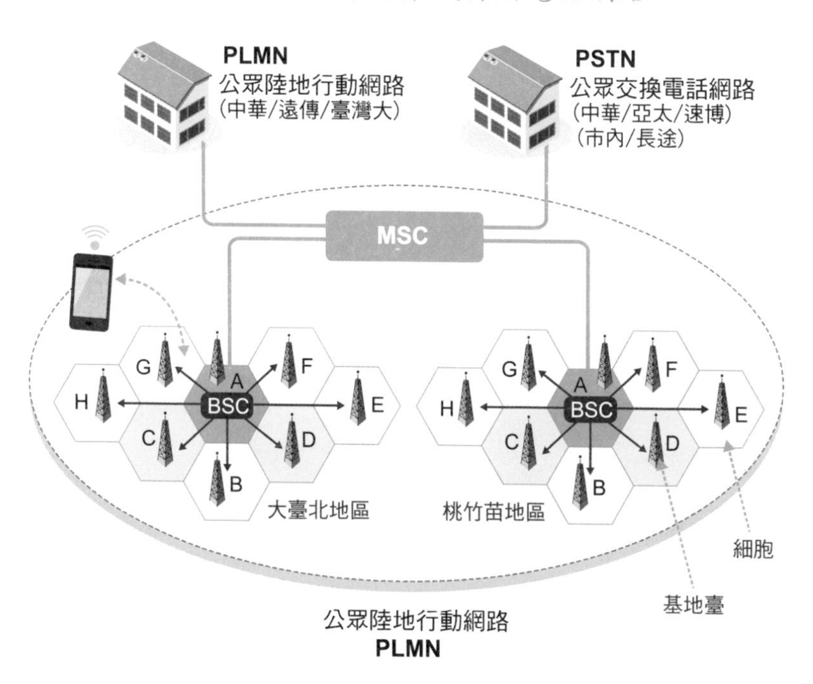

圖1-3 公眾蜂巢式行動電話網路

公眾陸地行動網路（Public Land Mobile Network，PLMN），或簡稱行動電話系統，主要是由行動終端（手機）（Mobile Station，MS）、基地臺（Base Transceiver Station，BTS）、基地臺控制器（Base Station Controller，BSC）和行動電話交換中心（Mobile Switching Center，MSC），還有用來記錄管理本網之用戶資訊與位置資訊的HLR（Home Location Register）和管理訪客相關資訊的VLR（Visitor Location Register）等基本元件所組成。行動終端與基地臺之間透過無線電波傳輸；基地臺與基地臺控制器/行動電話交換中心，則是以有線方式傳輸。相關元件與功能說明見表1-2。

每個基地臺電波的涵蓋範圍，簡稱爲一個細胞（cell）。每個細胞區域依地理環境與通訊量之不同，被劃分爲若干半徑爲2～20公里的小區域，每個小區域中都有一個低功率的基地臺負責收發訊號，由於網路整體結構看起來就像蜂巢般緊密地串聯，故稱爲「蜂巢式行動電話系統」，如圖1-4。

細胞

Cell。是指一個基地臺在無線路徑上所對應的特定頻率無線電波覆蓋範圍，大小與功率及頻率有關。中國大陸稱之為「小區」。

表1-2 行動電話系統主要元件與功能

元件	功能
行動終端（MS/UE）	就是用戶端所使用的行動電話，負責將手機訊號透過電磁波與基地臺建立實體的網路連線。
基地臺（BS/BTS/NodeB）	提供無線電擷取的功能，透過無線電磁波與手機溝通，只要在基地臺的電波覆蓋服務範圍內，手機便可與基地臺互動，並將相關資訊傳送至後端的交換系統。

基地臺控制器（BSC/RNC）	負責基地臺系統之無線通道分配、通話程序建立、交遞與無線資源管理，並與行動交換中心（MSC）相連。一個基地臺控制器可與數個基地臺相連。
行動交換中心（MSC）	負責行動終端之通話路由的接續、交換以及手機漫遊（roaming）的管理。並與公眾交換電話網路（PSTN）及其他公眾陸地行動網路（PLMN）互連，提供行動用戶跨網通信的服務。

蜂巢式行動電話系統

此概念被列為貝爾實驗室的十大創新發明之一。當時即稱為「蜂巢式電話科技」（Cellular Telephone Technology），這份未發表的技術備忘錄主題是：「行動電話——寬闊範圍的涵蓋率」（Mobile Telephone - Wide Area Coverage），貝爾實驗室的工程師該文件上首次畫出一個個小而略有重疊的細胞基地（cell site），當車輛使用者在通話間由此基地移動到彼基地時，通訊就不至於中斷。不過貝爾實驗室直到1970年代才在芝加哥建置了第一套商業應用的細胞網路（cellular network）。

圖1-4　無所不在的行動電話網

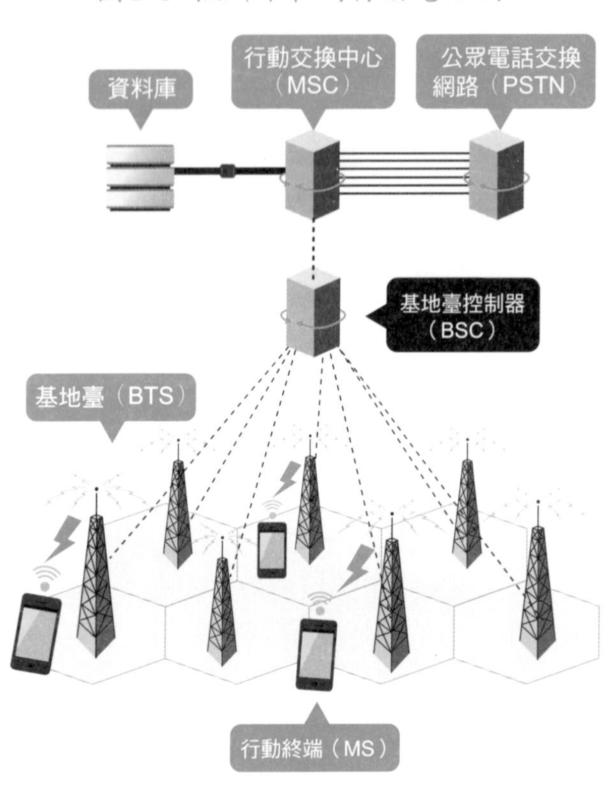

標準化組織

由於通信技術日新月異，各國不斷研製並推出新產品，為使不同國家與廠商的產品能夠互通應用，必須制定相同的體系結構和統一的介面標準，以整合國際通信使用。因此國際間有組織機構從事制定工作。

在這個行動電話的天空下，電信公司主要扮演的角色就是架設基地臺、機房、管理用戶資料、提供通信服務、技術維修、電信科技研究等。爲維持電信秩序，各國都設有相關主管機關負責管理電信業務，國際間則有標準化組織制訂相同體系結構和統一的介面標準。

採取蜂巢式細胞架構來建設行動通信網路有以下幾個好處：

一、將一個通話區域分成若干小細胞，基地臺就不需要發射大功率的信號去擴大涵蓋範圍，手機回傳到基地臺的發射功率相對變小。如此一來，不僅降低了電磁波危害的疑慮，手機也因耗電量小，體積也可製造得更爲輕巧，便於攜帶。

二、再者，運用頻率重複使用（frequency reuse）的概念，可使基地臺相鄰的細胞分配到不同的頻率，以避免干擾的發生，而相同的頻率又可在離基地臺較遠的地方重複使用，進而提高系統容量，讓行動電信業者可充分有效利用稀有的頻率資源服務更多的用戶。

舉例來說，當行動電話用戶在A細胞區內撥打電話，行動終端會使用該區可用的頻率，並將無線電波傳給細胞內的基地臺，若該用戶移動到另一個新的B細胞時，B細胞會重新配置另一個新的頻率給行動終端使用。用戶由A細胞移動到B細胞的系統切換過程稱爲「細胞交遞」（handover）。

由於頻率有限，即便透過蜂巢式設計能提高重複使用率，但當某地方聚集大量人潮且短時間內同時進行通話時（如跨年活動），車用型的「行動基地臺」就會出現，目的就是讓短時間內大量湧現的通訊需求可以更快速地向外擴散、傳遞到其他基地臺去。

從類比到數位

講到通信技術的演進，就不得不從「類比」（analog）與「數位」（digital）訊號談起。

第一代的行動通信應用服務1G採用的是早期與無線電、收音機一樣的「類比訊號」技術。隨著「數位訊號」處理技術日益成熟後，2G系統就開始採用數位訊號技術。

類比訊號是一種具「連續性」的記錄，它利用傳輸的型態、頻率（frequency）與振幅（amplitude），來描述所傳送的資料隨時間所產生的連續性變化。在傳遞過程中，類比訊號隨著傳輸距離的增長，振幅受到環境的干擾會慢慢的失真，所以並不適合長距離的傳輸。聲音是常見的類比訊號，電話線則是日常生活中常見的類比通訊媒介。

數位訊號是一種以「不連續」的信號來表達資訊，不同時間點的訊號值必定是預先設定的數值（如0與1），因此如果實際測出的物理量（真實值）不能在這些預設值中被找到，那麼這時數位訊號就與真實值存在一定的偏差，如圖1-5。

圖1-5 類比訊號和數位訊號

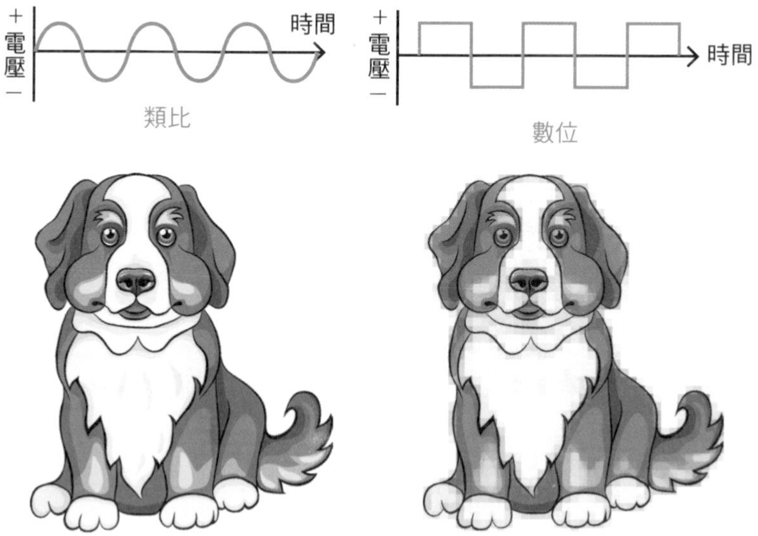

數位訊號是以二進制數來表示，因此訊號的量化精度一般以位元（bits）來衡量。

當我們撥打行動電話，許多設備及技術在短短幾秒鐘內已經完成相當多種程序運作。首先，發話人的類比聲音必須先透過取樣、量化與編碼的技術轉換成數位資料，行動電話再將調變後的訊號以無線電波發送到基地臺和其他通信設備，通信系統找到收話人的資料及資訊後，將訊號轉送到收話人所在的基地臺，再讓收話人的手機接收，並經由解調、解碼等技術把訊號恢復成類比聲音送進收話人耳中。

換言之，數位是一種將類比訊號經過「取樣處理」後的訊號，雖然較有利於長距離傳輸，但訊號在取樣處理過程中是否失眞，就與數位處理技術的成熟度有關了。

類比訊號要轉換成數位訊號，必需先經過「數位訊號處理器」（Digital Signal Processer, DSP）的處理，因此DSP的發展影響了訊號數位化的速度與效能。處理得慢，就會產生如「延滯」之類的效果，處理得愈接近眞實值，處理時間就拖得久。因此數位訊號的處理技術就一直朝著「快速處理大量資料」，同時「愈接近眞實値」的目標再不斷演進。

數位訊號處理技術在1965年由於提出快速的演算法（即取樣計算方式）後獲得迅速發展，1970年代超大型積體電路與數位電腦的快速發展，促成各類通訊設備和儀器的數位化。1982年，美國德州儀器公司（Texas Instruments）推出一款名爲TMS32010的DSP晶片後，數位訊號處理器跨入可即時處理大量數位訊號的階段。在這個技術發展背景下，第二代行動通信技術（2nd Gerneration）逐漸成形。

1G上線，安全有限

第一代行動通信系統，屬於類比式行動電話系統，通信技術以傳送語音爲主要的應用，本階段由各國開發運用的不同系統如下，如表1-3：

表1-3 1G主要行動通信系統與應用地區

系統名稱	簡稱	應用地區
先進式行動電話服務（Advanced Mobile Phone Service）	AMPS	臺灣、美國、澳洲及亞太等地區
北歐行動電話（Nordic Mobile Telephone）	NMT	北歐國家、瑞士、荷蘭、東歐及俄羅斯等地區
完全存取通信系統（Total Access Communication System）	TACS	英國及日本

分頻多工接取

FDMA。分頻多工接取是把所有系統頻帶分割成數個子頻帶，使用者每次傳輸時使用其中一個子頻帶傳輸訊號，藉此讓不同使用者可以利用不同的無線電頻率作為不同的語音通道，同時使用系統資源。

其中，第一代行動通信系統最爲人熟知的爲美國於1980年所發展的AMPS系統，又稱爲北美行動電話系統，其涵蓋範圍遍及美國全境，有80%的美國行動電話用戶採用這套系統。而AMPS也是臺灣第一個引進的行動電話系統，如先前中華電信090字頭之門號，於1989年正式開臺營運，並在2001年11月30日因升級2G GSM系統而結束AMPS運作。

AMPS系統所使用的800MHz頻段，具有電波穿透性佳且傳輸距離較遠的特性，並採用**分頻多工接取**（Frequency Division Multiple Access, FDMA）的技術標準提供用戶使用。

然而第一代行動通信的類比系統並未使用嚴謹的認證程序，行動電話與基地臺之間的無線訊號也沒有進行加密及互相驗證的程序，導致通話容易遭到他人竊聽及盜拷，造成許多俗稱「王八機」的社會問題，因此在1990年代，廠商便開始逐漸發展第二代（2G）數位式行動電話系統。

王八機

有心人士可以使用截碼機盜拷行動電話序號和內碼，進行竊打的行為或燒錄進手機販售，造成一號多機；易淪為犯罪工具，俗稱「王八機」。

有加密，有保庇，2G功能大躍進

有鑒於第一代行動通信系統的缺失，第二代行動通信系統（2nd Generation，2G）採取數位傳輸的技術，通話品質不僅較第一代行動電話系統爲佳，並具有頻譜利用率高、保密性佳、系統容量高的優點，可提供語音、數據、傳眞傳輸以及一系列的電信加值服務，電池待機時間也有明顯增加，因此在相同頻寬需求條件下，第二代行動電話可以讓比較多的用戶同時使用，並減少手機的耗電量。

第二代行動通信系統的主要技術規格與應用區域如表1-4，其中，全球行動通信系統（Global System for Mobile Communications，GSM）是全球普及率最高的行動通信系統。

表1-4 2G主要行動通信系統與應用地區

系統名稱	接取技術	應用地區
GSM	TDMA/FDMA	全球最廣，包括臺灣在內有超過200個國家和地區使用
IS-95（cdmaOne）	CDMA	美、日、韓與香港等地區
IS-136（D-AMPS）	TDMA	美洲大陸等地區

GSM系統是在1989年由歐洲電信標準協會（European Telecommunications Standards Institute, ETSI）所制定，1991年由電信營運商Telenokia與電信設備廠商Siemens打造第一個GSM商用網路後便逐漸普及於全球，至今仍普遍被廣泛使用在語音通話服務。

根據「全球行動設備供應商協會」（The Global mobile Suppliers Association, GSA）於2011年9月的統計顯示，全球約有56億的行動用戶，其中有43億用戶使用GSM服務，占全體行動用戶數的76%，GSM用戶數並維持每年11.2%的年複合成長率。

GSM系統可使用於850MHz、900MHz、1800MHz和1900MHz等不同的頻段，視各國無線頻譜配置而定，國內主要使用900MHz與1800MHz二個頻段。

在提升通話品質方面，GSM系統結合分時多工（Time Division Multiple Access, TDMA）與分頻多工（FDMA）的接取技術，以增加頻譜的利用率，同時並使用高斯最小移位鍵控（Gaussian Minimum Shift Keying, GMSK）的數位調變技術，藉以抑制頻帶外的信號，提高數位通信的頻譜利用率和通信品質，因此第二代行動通信系統在通話品質的抗雜訊能力遠比第一代優異。

此外，GSM系統為進一步提供行動通信安全的保障，透過使用者「用戶身分模組」（Subscriber Identity Module, SIM）——即SIM卡——保存用戶身分的識別資訊，並進行手機認證（authentication）作業，防止他人假冒合法手機盜用GSM的服務。同時運用數位傳輸技術，進行訊號加密（encryption）的動作，大幅降低傳送的訊息被竊聽或攔截竊取的風險。

隨著第二代行動通信系統的用戶數快速成長與手機持有的普及率不斷攀升，使得語音服務的市場趨於飽和，爲了更上一層樓，電信業者便推出許多數據加值服務來突破傳統語音的業務。由於GSM網路是以提供語音通話服務爲主，雖然能提供簡訊、傳眞與撥接服務，但仍不適用於需要傳輸大量數據資料的服務（例如瀏覽網頁等）。

爲了讓GSM系統具有大量數據傳輸的功能，ETSI於1999年完成「整體封包無線電服務」（General Packet Radio Service, GPRS）技術的制訂，並沿用GSM的架構，增加點對點的封包數據交換（Packet-Switched, PS）服務的能力，提供的加值服務更可與網際網路互相結合，使得用戶所獲得的資料更多更豐富。

然而隨著全球行動用戶的快速增長，行動上網的需求及使用量均呈現爆炸性的成長，第二代行動通信系統受傳輸速率的限制，無法滿足「行動多媒體」在數據傳輸上的需求，例如動輒需要每秒百萬位元（Mbps）頻寬要求的影音多媒體串流或下載服務。傳輸速率僅56kbps（kilobit per second，每秒千位元數）的2G系統無法負荷如此龐大的數據傳輸量，因此第三代行動通信技術的出現，就是希望能提供使用者更快的行動上網速度及更好的使用體驗。

寬頻

broadband or wideband。寬頻的概念並無數字方面的定義去指稱什麼樣的標準叫寬頻。一般來講，在有線通訊系統（如固網）中，傳輸系統的信號頻寬大於傳輸通道所能負荷的頻寬時，即可稱為寬頻通訊系統。在無線通訊方面，各組織對寬頻的定義也不太一樣，例如ITU-R M.1224-1建議書，寬頻定義為「具有瞬時頻寬約大於1 MHz且支援資料傳輸速率大於1.5Mbps的特性」，英國傳播管理局OFCOM（Office of Communication）定義的寬頻為2Mbps，美國聯邦通信委員會 FCC定義寬頻需為下載速率4Mbps，上行1Mbps，可以實現視頻等多媒體應用，並同時保持基礎的網頁瀏覽和E-Mail特性。

3G之前，先來用用2.5G

整體封包無線電服務（GPRS）系統

因為建置 3G 系統的花費十分驚人，業者因此發展出高速傳輸的過渡系統GPRS、EDGE，稱為2.5G。GPRS又稱整體封包無線電服務，搭配了數據應用服務，國內電信業者約在2000年9月推出該行動寬頻服務，又於2002年6月推出以GPRS傳輸技術為主的i-mode服務。

i-mode 是由日本 NTT DoCoMo 所研發出來的手機上網服務，與WAP類似，但內容格式可呈現彩色，其加值服務更易於與網際網路互相結合，使得用戶所獲得的資訊更多更豐富。

行動話機既「多頻」又「多模」

由於電信業者能使用的無線頻譜有限，為了提高服務品質，系統業者之間開始進行合作，讓使用者可以在不同系統間做跨頻漫遊，如GSM900和GSM1800，GSM900和GSM1900，以及雙頻網路 GSM900/1800。由於通信科技發展到3G時，不僅各家業者間會擁有不同的無線頻譜和運作系統，甚至同一業者也會因為時間先後而採取不同的通訊系統，因此才會產生可跨越不同系統所使用的多頻／多模的行動電話機。

「多頻話機」是指可以在同一系統標準（如GSM系統）的不同頻段中正常運作的行動電話，不論是手動或自動切換。臺灣使用的GSM商用頻段主要有900MHz和1800MHz，美國使用的GSM商用頻段則為850MHz和1900MHz，因此可在其中二個頻段切換使用的話機稱為雙頻手機，三個頻段間都能切換的便稱為三頻手機，甚至四個頻段之間都能切換的就稱為四頻手機。

「多模話機」是指可以支援不同通訊系統標準（如2G GSM系統與3G WCDMA系統）進行通訊的行動電話。由於不同國家間所使用的行動電話系統標準可能不盡相同，對於需要在世界各地不同國家之間往來奔波的人而言，就有必要使用在各種系統下均可運作的行動電話。

3G網上飆，行動大視界

第二代行動電話因爲傳輸速率的限制，無法提供用戶電子郵件、網頁搜尋、視訊會議等網際網路（Internet）相關功能或電影觀賞等多媒體娛樂服務。

雖然曾有2G業者推出無線應用軟體協定服務 WAP（Wireless Application Protocol），讓用戶以行動電話連接網際網路使用加值服務（例如：手機直撥簡碼即可收聽附近商家資訊，查天氣、算命、交友等生活資訊），然而傳輸速度不夠快，加上上網費率高，且支援WAP服務的網站不多，內容不夠豐富，普及率無法提高，國內在2000年的統計數據中僅約有二萬戶使用者，但用戶數仍每年增長，顯示語音以外的行動加值服務已成爲市場所需，尤其簡訊功能已日益受到歡迎。

爲了解決第二代行動通信系統傳輸速率不敷使用的問題，以及滿足行動通信產業對更高傳輸速度及更好的頻譜使用效率的技術要求，國際電信聯盟——無線通信標準組（ITU-Radio Communication Sector, ITU-R）於1997年開始進行全球第三代行動通信技術（3rd Generation, 3G）的標準制定，並提出IMT-2000（International Mobile Telecommunication-2000）計畫。

IMT-2000的目標是希望用戶在任何時間、任何地點都能接取寬頻無線多媒體服務，並可於2000年開始布建IMT-2000的系統。由ITU舉辦的世界無線電大會(WRC)在1992年會中將IMT-2000初期的核心頻段規劃在1885MHz～2025MHz和2110MHz～2200MHz等二個頻段，隨後在ITU WRC-2000年會另新增806MHz～960MHz、1710MHz～1885MHz與2500MHz～2690MHz等三個的頻段。

IMT-2000主要特點是：

- 高度的全球共同性的設計
- 相容於IMT-2000內以及固定網路的服務
- 系統具有高品質特性
- 通用於全球的小型手機終端
- 具有全球漫遊的能力
- 具支援多媒體應用服務的能力

此外，IMT-2000也定義了第三代行動通信傳輸速率的最低要求，包括：

・高速行車環境，傳輸速率須達到144Kbps
・中速移動環境，傳輸速率須達到384Kbps
・室內或低速環境，傳輸速率須達2Mbps

在3G的發展歷程中，國際電信聯盟於1999年底首先確定了五組第三代行動通信無線介面的技術標準，並在2000年的ITU年會中通過。不久，在2001年由全球無線通信相關晶片與設備製造商成立的「全球互通微波接取」（Worldwide Interoperability for Microwave Access，WiMAX）論壇宣布採用IEEE 802.16的技術標準，推動WiMAX成爲全球通用的3G技術之一。此提案於2007年10月獲國際電信聯盟無線電通信部門批准成爲3G無線通信介面的第六個技術標準，稱爲IMT-2000 OFDMA TDD WMAN，國際電信聯盟也同意WiMAX系統可使用3G網路新增頻段，以提供商用服務及全球漫遊。

在ITU-R M.1457-10規範的IMT-2000無線通訊介面中，基於分碼多工接取（CDMA）、分時多工接取（TDMA）和分頻多工接取（FDMA）等多工接取技術，定義了六種不同的技術規格，分別爲：IMT-DS（WCDMA）、IMT-MC（CDMA2000）、IMT-TC（TD-SCDMA）、IMT-SC（EDGE）、IMT-FT（DECT）以及IMT-OFDMA TDD WMAN（WiMAX）。相關名稱如表1-5。

FDD

分頻雙工（Frequency Division Duplexing，簡稱FDD），指在分離的兩個對稱頻率通道上進行接收和傳送。

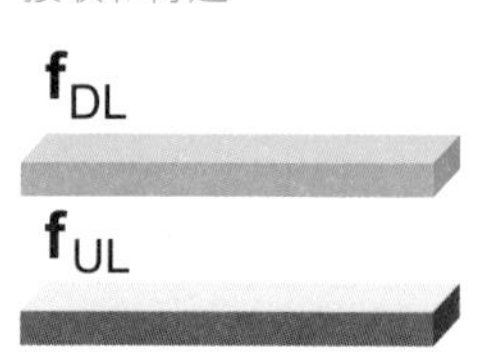

TDD

分時雙工（Time Division Duplex，簡稱TDD），指使用相同頻率以時間區分方式進行接收與傳送。

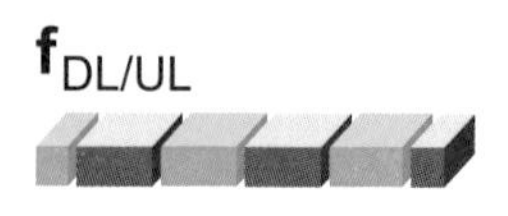

表1-5 國際電信聯盟認可的六種3G無線介面技術標準之相關技術名稱

全名	簡稱	分工模式	多工接取技術
IMT-2000 CDMA Direct Spread	WCDMA UTRA-FDD UMTS	FDD	CDMA
IMT-2000 CDMA Multi-Carrier	CDMA2000 2G cdmaOne	FDD	CDMA
IMT-2000 CDMA TDD（Time-Code）	UTRA-TDD TD-SCDMA	TDD	CDMA/ TDMA
IMT-2000 TDMA Single Carrier	EDGE UWC136	FDD	TDMA
IMT-2000 FDMA/TDMA（Frequency Time）	DECT	TDD	TDMA/ FDMA
IMT-2000 OFDMA TDD WMAN	IEEE 802.16 WiMAX	TDD	OFDMA

訊號接取技術簡介

為了在有限的頻道上創造最大使用效益，通訊工程師發展了多種訊號接取（access）技術，讓不同的系統開發者依各自的需求運用：

分時多工接取（TDMA）

Time Division Multiple Access，簡稱TDMA。指利用時槽的概念，將頻道在時間上作切割，分成好幾個時槽，以節省頻率資源，多個用戶可以在不同的時間片段來使用相同的頻率。

分碼多工接取（CDMA）

Code Division Multiple Access，簡稱CDMA。利用多組編碼，在同一頻道上傳送多組訊息，接收端只會接受屬於自己的一組特殊編碼的語音與資料，即便同一頻道內有其他不同編碼信號存在，也不會影響接收的品質。

正交分頻多工接取（OFDMA）

Orthogonal Frequency Division Multiple Access，簡稱OFDMA。是使用正交分頻多工（OFDM）演算架構的多工接取技術，利用大量的正交子載波來承載及傳輸資料，使系統能提高用戶資料傳輸的速度、增加載波的頻譜利用效率，並能更有效對抗多重路徑的干擾效應。在OFDMA接取技術中，用戶可以選擇信道條件較好的子通道（subchannel）進行數據傳輸，一組用戶可以同時接入到某一信道。OFDMA與CDMA不同處在於OFDMA使用大量的正交窄頻子載波（subcarrier）來承載資料，與CDMA單一載波所承載單一資料比起來，更能對抗多路徑干擾的問題。早期由於電路複雜度的限制，OFDM技術無法讓太多載波同時傳送，直到1970年代由Weinstein及Ebert提出利用離散傅利葉轉換（DFT）多載波調變及解調的概念，多載波調變（MCM）系統的複雜度問題才獲得改善，並從此開啟OFDM技術數位化的大門，因此在1980年代後，OFDM技術正式進入商業用途，最早被應用於高速數據機（modem）提供有線上網。1990年代後，OFDM技術開始被廣泛應用於寬頻數據傳輸系統，其中有線通訊應用包括各種數位用戶迴路系統，如ADSL、HDSL及VHDSL等，在無線通訊應用則包括數位音訊廣播（Digital Audio Broadcasting, DAB）系統、數位視訊廣播（Digital Video Broadcasting, DVB）系統，及無線區域網路（如IEEE 802.11a、IEEE 802.11g及IEEE 802.11n）等。目前ITU所通過的LTE-Advanced與WirelessMAN-Advanced的4G無線通信系統，皆採用頻譜使用效率最高的正交分頻多工（OFDMA）作為無線接取的傳輸技術。

第一代的類比信號手機到第二代的數位信號手機的演進，最主要的差別即在於數位化，但其主要的服務項目只有語音及文字簡訊服務。到第三代的3G行動通信，已經發展出能將無線通信與網際網路等多媒體通信結合的新一代行動通信系統，能夠處理圖像、音樂、視訊形式，提供網頁瀏覽、會議電話、電子商務資訊服務。3G行動通信系統的應用地區與使用狀況如表1-6所示：

表1-6 3G主要行動通信系統與應用地區

系統名稱	應用地區	用戶數（註）	說明
WCDMA/UMTS	全球各區	約7億5仟萬	全球已經有162個國家及410個營運商網路採用，包括臺灣的中華電信、臺灣大哥大、遠傳電信、威寶電信等電信業者。
CDMA2000	美國、韓國、日本、中國	約5億3仟萬	臺灣的亞太電信即採此系統。

TD-SCDMA	中國	約5仟121萬	爲中國大陸自行研議的3G通信系統。中國移動（China Mobile）於2009年6月投入商業營運後，目前服務已涵蓋全中國所有的城市、縣、及部分鄉鎮，截至2011年底，用戶數約占中國整體3G用戶的40%。
WiMAX	北美及亞太地區	約2仟萬	臺灣在2007年7月於北、南兩區各發放三張WiMAX的頻譜執照，得標業者有：遠傳電信、全球一動、威邁斯電信、威達電信、大眾電信及大同電信等6家業者。

註：根據 GSA、China Mobile、WiMAX Forum於2011年之統計。

目前最廣泛使用的第三代行動通信系統，為「通用行動通信系統」（Universal Mobile Telecommunications System，UMTS），是由第三代合作夥伴計劃（3rd Generation Partnership Project，3GPP）組織於1999年所制定。因為採用寬頻分碼多工接取（Wideband Code Division Multiple Access，WCDMA）無線介面技術，因此又稱為WCDMA系統；3GPP並將該系統提交到國際電信聯盟，作為代表歐洲的IMT-DS（Direct Spread，或稱UTRA-FDD）之技術提案。

UMTS除了無線接取網路是採用WCDMA技術外，核心網路（如交換機等）還是沿用GSM系統，因此也被視為GSM的升級。由於WCDMA使用5MHz的載波（Carrier）傳輸速率可達384Kbps與2Mbps之間，不但增進各種行動多媒體應用的發展，並促進應用軟體開發業者研發更多的服務內容。UMTS可以支援電路交換（CS）與封包交換（PS）的服務，用戶可以同時利用電路交換方式接聽電話，然後以分封交換方式存取網際網路，提升行動電話的使用效率。

UMTS也是最早商業運轉的第三代行動通信系統，不僅能與GSM網路形成涵蓋範圍的互補效應，更可提供全球性的國際漫遊服務，包含臺灣在內，UMTS系統是全球擁有最多用戶數及商業營運網路的3G系統。

第三代合作夥伴計劃

3rd Generation Partnership Project，簡稱3GPP。成立於1998年12月，由全球六個地區的通信標準組織的成員組成，致力於GSM到UMTS（WCDMA）的演化，以及在ITU的規範框架內，制訂具體的3G行動通信的國際標準，包括：3G-WCDMA/UMTS、HSPA、LTE及LTE-Advanced等一系列技術標準。

載波

Carrier。在通信系統中，常會把要傳送的訊息頻率調變至另一種傳輸效能高的頻率而這種裝載其他訊息的電波頻率稱為載波。

重點提示

目前全球擁有最多用戶數及商業營運網路的3G系統為採用寬頻分碼多工接取（WCDMA）無線介面技術的「通用行動通信系統」（UMTS）。

電路交換、封包交換

電路交換（Circuit Switching，簡稱CS）與封包交換（Packet Switching，簡稱PS）是運用在網路與通訊領域一組相對的概念。

電路交換（CS）要求在通信雙方之間先建立連接通道，連接建立成功之後雙方的通信活動才能開始，而這個連接將一直被維持（占用）直到雙方的通信結束，因此在該次通信活動過程中，這個連接將始終占用通信系統分配給它的資源（通道、頻寬、時隙、碼字等等）。

封包交換（PS）是數據通訊中一種嶄新且重要的概念，也已經是網際網路通訊、數據和語音通訊中最重要的基礎，約在1960年代早期發明。

封包（Packet）可說是一個由用戶數據資料和必要的地址與管理資訊組成的訊息資料包（datagram）：一個獨立完備的資料實體，攜帶足夠的傳輸辨識資訊，能夠從源頭選取路徑，最終到達目的電腦，不需依賴起始電腦、目的電腦以及傳輸網路預先交換的資訊。這類似從郵局寄出的包裹，但郵局、郵差與郵運交通工具換成了通信資訊網路中的各類設備，用戶資訊一旦封包傳送出去，通信系統就會自動演算出將封包送往目標的最佳路徑，而傳遞過程中，系統也可能自動將封包分拆傳送，分拆的封包會經由不同的路徑抵達目的地，再正確地組合成原來的封包。封包交換最大的好處是，數據資料的傳遞變得更靈活，系統的資源會透過智慧分配來創造最高的通信效能。

為4G造磚鋪路

3GPP爲了進一步將3G技術行動上網的傳輸速率向上提升，因此持續開發與制定出高速封包接取技術（High Speed Packet Access，HSPA）。

高速封包接取技術HSPA是WCDMA第一個進化技術，HSPA可增加資料傳輸速率、減少延遲，但其實仍屬於3G技術的一種，技術比WCDMA略高，也可視爲WCDMA增強版。

繼HSPA之後，還有HSDPA、HSUPA 以及 HSPA+的推出。

3GPP在Release 5提出高速下行封包接取（High Speed Downlink Packet Access，HSDPA）將下行鏈路傳輸速率由2Mbps提升約7倍來到14.4Mbps。高速下行封包接取是一種行動通訊協議，亦稱爲3.5G，屬於WCDMA技術的延伸。該協議在WCDMA下行鏈路中提供封包數據業務，在一個5MHz載波上的傳輸速率可達8-10Mbps（如採用MIMO技術，則可達20Mbps），理論上可以比3G技術快5倍，比GPRS技術快20倍。

爲了解決HSDPA下載與上傳速度不對稱的問題（14.4Mbps/384Kbps），3GPP隨後在Release 6中提出高速上行封包接取（High Speed Uplink Packet Access，HSUPA）的技術演進，將上行鏈路傳輸速率提升到5.76Mbps，讓需要上傳頻寬的應用（如雙向視訊或網路電話）獲得支援。在一個5MHz載波的上行鏈路能提供約5.8Mbps傳輸速率。

這些4G技術前的過渡階段關鍵技術，也有人稱HSDPA爲3.5G，HSUPA爲3.75G。

值得注意的是，3GPP在Release 5把IP多媒體子系統（IP Multimedia Subsystem，IMS）引入，並在Release 6導入整

Release

3GPP在完成技術標準規範制訂後，會公布其規格版本（Release），目前（2012年發表）最新版本為Release 11。

IP多媒體子系統

IP Multimedia Subsystem or IP Multimedia Core Network Subsystem，簡稱IMS。係指以IP網路為架構，整合多媒體應用的子系統，允許兩個或多個用戶之間的多媒體交談通信的服務。它提供即時雙向交談的媒體轉換，例如：語音、視訊、文字或其他類型的資料。

合WLAN（無線區域網路Wireless LAN）的技術標準與多媒體廣播多播服務（Multimedia Broadcast Multicast Service, MBMS），並在IMS上增加「一按即說」（Push to Talk over Cellular, PoC）及用於網路整合的「通用存取網路」（Generic Access Network, GAN）功能，這些功能代表著行動通信逐漸向IP網路技術方向演進。

在2007年發布的Release 7中定義的HSPA+，透過多重輸入多重輸出（Multiple Input Multiple Output, MIMO）技術將上下行傳輸速率分別提升到28.8Mbps與11.5Mbps；2008年發布的Release 8中，HSPA+進一步結合MIMO技術與64QAM使下行傳輸速率提高到42Mbps；2009年發布的3GPP Release 9更結合MIMO技術與雙載波（Dual Carrier）技術給同一個使用者，使下行鏈路（Downlink）傳輸速率達到84Mbps。3GPP規格發展演進歷程如圖1-6。

一按即說

Push to Talk over Cellular，簡稱PoC。一按通（Push To Talk, PTT）本來是指無線電話的對講方式，只要按下一個按鍵即可通話，後來在3G行動業務中利用GPRS手機的一按即說服務達成類似無線電話的通訊方式。

雙載波

Dual Carrier。是指在原下行鏈路5MHz載波透過聚合技術導入另一個5MHz載波，形成一個10MHz的載波頻寬給同一個用戶使用。

圖1-6 3GPP規格發展演進歷程

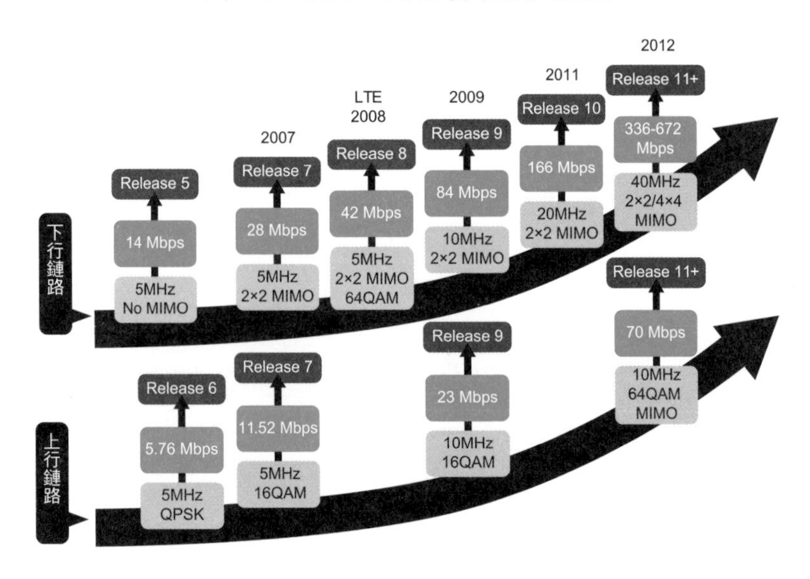

4G創新關鍵技術：MIMO多重輸入多重輸出技術

MIMO是一種利用多根發射天線與接收天線的運作，提升無線傳輸速率與改善通信品質的多天線技術。MIMO技術主要藉由空間自由度之引入，提供一個可受控制的空間多重接取（Spatial Division Multiple Access, SDMA）能力，抑制共同通道的干擾（Co-channel Interference），使行動通信系統可在不影響通信品質的前提下提升系統容量，或在不改變系統容量的前提下進一步的提升通信品質。因此，MIMO技術不僅適用於多重路徑（multipath）環境，更能有效提升頻譜效率（spectral efficiency）。

圖1-7 天線接取模式比較

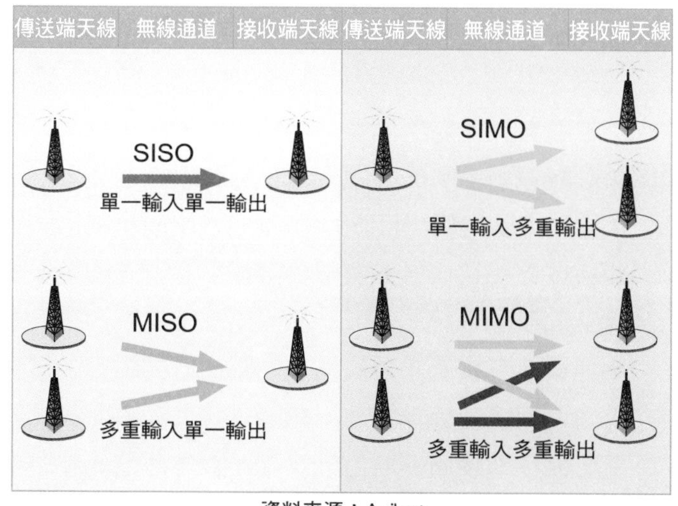

資料來源：Agilent

重點提示

MIMO 可以在不需要增加頻寬或總發送功率耗損（transmit power expenditure）的情況下大幅地增加系統的資料吞吐量（throughput）及傳送距離，使得此技術於近幾年受到許多矚目。

天線基本的通道接取模式包括：單一輸入單一輸出（SISO）、單一輸入多重輸出（SIMO）、多重輸入單一輸出（MISO）、多重輸入多重輸出（MIMO），如圖1-7所示。

- 單一輸入單一輸出（SISO）是大部分系統的標準發射模式，SISO模式也常被用來與其他較複雜系統之傳輸容量或資料傳輸率的參考比較對象。
- 單一輸入多重輸出（SIMO）或接收分集的系統中，只有一組發射器，單一資料流傳入兩個接收鏈。當訊噪比（SNR）因多路徑衰減變得很差時，SIMO有助於提高接收資料的完整性。雖然資料傳輸容量不會增加，但因錯誤率降低，連帶地需要重新傳送的機率也會降低，因此對傳輸容量的提高有所助益。
- 多重輸入單一輸出（MISO）是一種發射分集(Transmit Diversity)的方法。在LTE中，運用**空頻區塊碼**（Space Frequency Block Coding）技術，將相同的資料分散給不同發射器的天線發送，以提升訊號在衰減環境下的強韌度。
- 多重輸入多重輸出(MIMO)系統包含兩組發射器和兩組接收器，且傳送的資料內容是完全獨立的，又稱為空間多工系統。每一組接收器都會看到通道的輸出訊號，它會是兩組發射器的輸出排列組合。接收器會利用通道估算方法，透過矩陣運算將兩股資料流分開，然後將資料解調出來。在理想的條件下，

空頻區塊碼

Space Frequency Block Coding，簡稱SFBC。是發射分集所採用的一種編碼技術。

可以將資料傳輸容量加倍，但**訊噪比**（SNR）的要求比SISO高。

MIMO的核心概念為利用多根發射天線與多根接收天線所提供之空間自由度提升傳輸速率與改善通信品質，為了達到對抗訊號衰減，或達到增加系統容量的目的，MIMO技術主要以空間多工（Spatial Multiplexing）、空間分集（Spatial Diversity）和波束成形（Beamforming）等三種技術用於4G行動通信系統，此部分將於下一章再深入介紹。

訊噪比

Signal-to-noise ratio，簡稱SNR或S/N。訊號在傳輸過程中，會受到一些外在能量所產生訊號干擾，這些能量即雜訊（Noise），通常會造成信號的失真。其來源除了來自系統外部（如雜散電磁場），亦可能由接收系統自己產生。雜訊的強度通常與訊號頻寬（BandWidth）成正比，訊號頻寬越寬，雜訊的干擾也越大。所以在評估雜訊強度或是系統抵抗雜訊能力時，會以訊號強度對雜訊強度的比例做為數字依據，此即訊噪比。

訊號調變方式QPSK與QAM

QPSK

為了要有效傳送數位訊號，一般通信系統都採用數位調變的方式來處理數位訊號，基本的數位調變方法有振幅移鍵（ASK）、頻率移鍵（FSK）與相位移鍵（PSK）等三種方式。其中相位偏移調變（PSK，Phase Shift Keying）又稱相位移鍵，是利用相位差異的訊號來傳送資料的調變方式，傳送訊號必須為正交訊號，基底必須為單位化訊號。

PSK可分為BPSK、QPSK、8PSK、16PSK、64PSK，即二、四、八、十六、六十四位元等四種，其中QPSK較常用。傳送的位元數越多，在固定時間就可傳送越多的資料量。

BPSK（二位元）最簡單，它使用兩個相位差180°且正交的訊號表示0及1的資料。

QPSK（四位元）透過四個相位差可以編碼（00、01、11、10）等2位元符號。由於PSK會因為符號種類（M）的提升使位元錯誤率（Bits Error Rate, BER）快速上升，因此當符號數M大於16後都由QAM來執行調變工作。目前QPSK調變技術除了常應用在衛星廣播系統外，在4G LTE與WiMAX通信系統中也以QPSK作為資料調變的方式。

QAM

正交振幅調變（Quadrature Amplitude Modulation, QAM）是一種在兩個正交載波上進行振幅調變的調變方式。這兩個載波通常是相位差為90度（$\pi/2$）的正弦波，因此被稱作正交載波。與其它相位或頻率調變方式類似，QAM通過兩個載波的振幅變化來傳輸資訊。

常見的QAM形式有16QAM、64QAM、256QAM等，例如16QAM的傳輸資訊量為4bits/symbol、64QAM的傳輸資訊量則為6bits/symbol，雖然數字愈大能傳輸的資訊量就越大，但可靠性也相對變差。此外QAM的傳輸性能比PSK好，當對數據傳輸速率的要求高過8PSK能提供的上限時，通常就會改採用QAM調變。但QAM的解調器需同時檢測相位和振幅，不像PSK解調只需要檢測相位，故QAM解調器設計也較複雜。由於QAM具有較佳的調變效率，因此除了電視系統NTSC和PAL常利用正交的載波傳輸不同顏色分量外，在4G LTE與WiMAX通信系統中也以16QAM及64QAM作為資料調變的方式。

網際網路協定（Internet Protocol, IP）

Protocol在英文中是指協定、禮儀或草約，意思就是兩者間相互約定的一種規範和定義。當個人電腦PC（Personal Computer）透過網際網路連接起來，PC與PC之間要能正確溝通，正確傳遞訊息與資料，就必須先設定出一套所有PC都能理解的協定，這套協定就稱為網際網路協定IP。IP的任務很簡單，就是根據來源主機和目的主機的「網路地址」（Network Address，或稱IP Address）傳送資料，但茫茫網海中，若每一臺PC沒有一個可供辨識的地址，資料的傳遞就會像一個空白的郵包一樣，不知寄自哪裡，也不知寄往何處。因此IP就像是一個替PC設定「網路地址」並規範傳輸資料如何封裝好的標準作業程序（Standard Operational Procedure,

SOP）。

網路地址的設定一般稱為「定址方法」，資料傳輸規範指的是資料包（datagram，或稱數據段）的封裝結構。

資料在網際網路中傳送時會被封裝（pack）為資料包，如同郵寄資料前要先打包及寫好寄送資料，資料包上通常會有幾種基本資訊：寄件人（來源PC的位址）、收件人（目的PC的位址）、資料內容和資料封裝與解封裝方式。IP協定的獨特之處在於：網路中A主機在傳輸資料之前，無須與之前未曾通信過的目的主機B之間預先建立好一條特定的「通路」才將資料包送出去。A到B之間存在無數條可互通的路，資料包會一段一段朝目標前進。

網際網路協定提供了一種快速、不占用傳輸資源，但其實不太可靠（一般也被稱作「盡力而為」）的資料包傳輸機制，因為它不保證資料能精確地完成傳輸。資料包在到達目的地時可能已經損毀、順序錯亂、產生冗餘封包或者全部遺失。若需要確保傳輸的可靠性，就需要同時採取其他方法，例如利用IP的上層協定控制。

IP位址透過給主機編址的方式，讓網際網路上每一臺機器都可以擁有一個可供辨識與找尋的「虛擬門牌」。常見的IP位址分為IPv4與IPv6兩大類。IPv4位址由32位元二進制陣列成，為便於使用，常以XXX.XXX.XXX.XXX形式表現，每組XXX代表小於或等於255的10進制數，譬如NCC網站主機的IP位址是211.79.138.106。IP位址是唯一的，網際網路上不會有兩臺機器擁有一樣的IP位址。IPv4編址最多可產生約42億個位址，看起來好像多到用不完，但由於早期編碼和分配上的問題，使很多區域的編碼實際上被空出或不能使用。加上網際網路的普及，全球使用的電腦數量以及連接網路的各種裝置大增，IPv4位址資源已消耗殆盡，因此不得不推出具有128位元長度的IPv6，IP位址數量最高可達約400萬兆個。關於IPv6進一步的説明，請參閱網際網路相關專業書籍。

由於HSPA+同時支援電路交換（CS）語音與**網路電話**（VoIP）功能，意味傳統語音與應用於網際網路的數據封包服務在3G行動通信系統的正式融合。隨著HSPA與HSPA+的商業化，也正式宣告行動通信的「頻寬」已經達到開始可以跟固網（Fixed Network）與有線電視競逐未來寬頻市場的水平，同時，行動通信的應用服務也由過去的語音、數據，朝向結合語音、數據及視訊等大資料量的多媒體智慧化服務。

爲因應未來高品質、高畫質、高傳輸速率及低時延的行動寬頻服務的需求，3GPP遂於2008年Release 8提出全新的「LTE長期演進」（Long Term Evolution）的技術標準，並以IP爲基礎，規劃下一代的核心網路「系統架構演進」（System Architecture Evolution, SAE），讓通訊技術架構朝4G的目標邁進。

網路電話

Voice over Internet Protocol，簡稱VoIP；又名寬頻電話或IP電話。是一種透過網際網路或其他使用IP技術的網路來達成通話目的的新型通訊方式。由於通話成本與建置成本低，易於擴充，通話品質日益提升，目前以由傳統電信業務搶占不小的市場，最早確立商業模式且最知名的VoIP業者即Skype。

1-3 全球寬頻大道開通

第三代行動通信技術發展，由3GPP所主導的WCDMA/HSDPA/HSPA+系列的技術規格取得主流技術的領先位置，不斷地透過改進3G的技術規格，追求更大的頻寬利用效率及更高速的傳輸速度，以提供及滿足消費者更多元化的語音及行動上網服務的需求。

然而，不論3G技術再如何演進及加強，要能達到在靜止狀態時1Gbps的下行速率及移動時100Mbps的下行速率，在實際的網路規劃建置及營運上，以既有的3G網路無法達到這樣的等級要求。換言之，在「技術規格」之下的基礎通信網路必需有較大的變革。

在智慧型手機及其應用服務的成長及行動上網的需求不斷增加的趨勢下，行動通信產業爲提升整體服務的品質及市場競爭力，便開始規劃新一代的行動通信網路。

兩大4G趨勢：LTE-Advanced v.s. WiMAX 2

Working Party 8F

簡稱WP8F。國際電信聯盟（ITU）的標準化工作都是由很多研究小組（SG）來完成的。每個SG都負責電信的一個領域（傳輸、交換、話音和非話音網等）。除此之外，其他的一些國際組織、科技協會和公司等也可以派專家來參加標準化工作。SG又分成許多工作組（WP），WP可以再細分成專家組，甚至更細。

2003年國際電信聯盟無線電通信部門的Working Party 8F（WP8F）工作小組提出M.2038和M.1645等兩份技術報告，對IMT-2000演進的技術趨勢以及其演進系統System Beyond IMT-2000的架構與目標進行初步的定義，並於2005年10月正式將System Beyond IMT-2000訂名爲「先進國際行動通信系統」（International Mobile Telecommunication Advanced, IMT-Advanced），即第四代行動通信（4th Generation, 4G）。

國際電信聯盟旗下的（Working Party 5D, WP5D）工作小組於2008年3月向會員發出通知函，徵求IMT-Advanced無線介面技術的提案。2009年10月收到了來自中國、日本、韓國、3GPP和IEEE等六件候選技術提案，這六件提案大致可區分成兩大陣營，如圖1-8所示。其中一路代表3GPP的行動電信系統，從3G、3.5G、LTE所一路演進的「3GPP LTE Release 10 and beyond」（即LTE-Advanced）技術；另一路則是代表新興的WiMAX行動系統，從IEEE 802.16d、802.16e所一路演進的IEEE 802.16m技術。

國際電信聯盟無線電通信部門於2010年10月完成了這些技術提案的效能評估，並於2012年1月在日內瓦召開的ITU-R大會中，正式同意通過LTE-Advanced與WirelessMAN-Advanced兩大技術標準均爲第四代行動無線寬頻通信技術。如圖1-9。

4G行動技術標準之爭，在市場機制選擇下態勢逐漸明朗，因長期演進而具有廣大行動通信生態系統（Eco-system）爲基礎的3GPP技術標準逐漸凌駕WiMAX成爲主流技術，未來全球行動寬頻的發展將逐步朝向3GPP陣營發展的LTE邁進。就現有行動寬頻技術而言，無論是3GPP標準的WCDMA/HSPA技術，或是3GPP2的CDMA2000/EV-DO技術（一種將語音與數據分別以獨立載波傳送的技術），甚至是IEEE的WiMAX，都將以LTE作爲演進的依歸。

3GPP2

成立於1998年12月，目的為制定CDMA2000的第三代行動通信系統標準，並致力於推廣ITU的 IMT-2000計畫，實際上則是負責制定CDMA2000技術標準的標準化機構。

圖1-8 3GPP、WiMAX兩大陣營的技術演進路徑

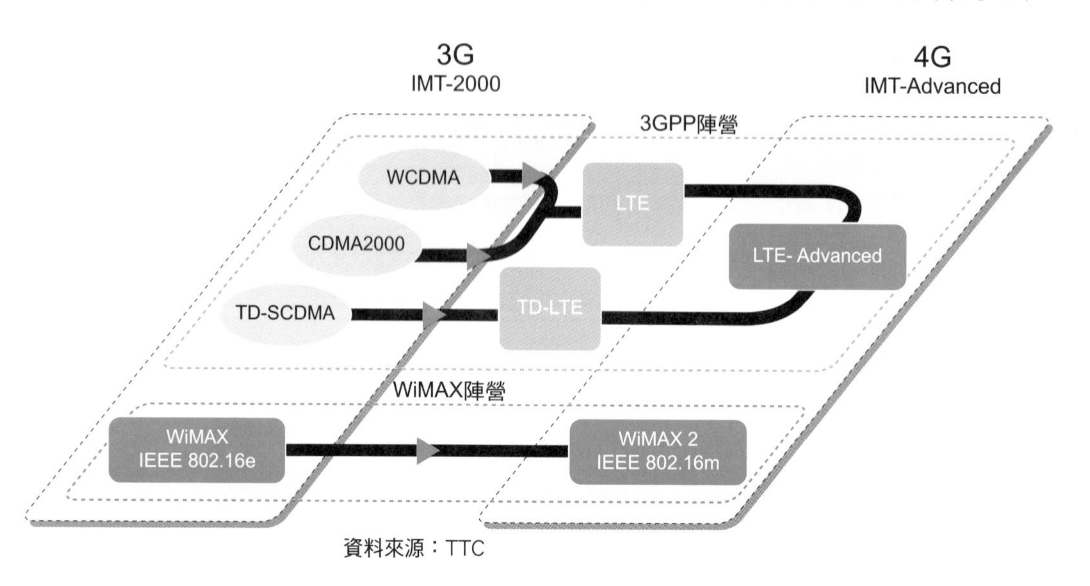

資料來源：TTC

圖1-9 1G／2G／3G／4G行動通信技術演進關聯圖

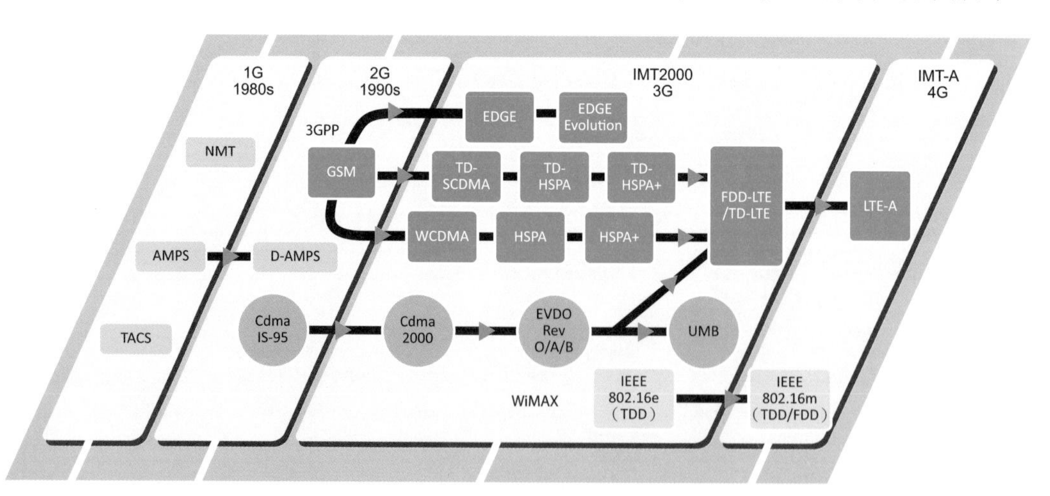

資料來源：3GPP/WiMAX論壇；TTC整理

3GPP與WiMAX

早於3GPP，Mobile WiMAX系統於2005年就已經開始使用OFDMA技術，但因3GPP擁有超過全球60%以上的3G系統營運網路及90%的用戶總數等市場優勢，形成推動建構LTE產業供應鏈的龐大資源，追隨著從GSM演進到WCDMA的成功模式，使得LTE在通往4G的競賽中再次占有主流地位。

WiMAX的營運網路主要分布在北美及亞太地區，WiMAX論壇於2011年第一季預測，全球WiMAX用戶數將於2012年底達到1億3仟萬戶。根據國家通訊傳播委員會（NCC）於2012年2月公布的我國行動通信戶數統計顯示：目前國內屬於WCDMA系統的3G用戶數已超過2千1百萬戶，WiMAX用戶數僅有13餘萬戶。

2009年底，北歐寬頻服務業者TeliaSonera在瑞典斯德哥爾摩與挪威奧斯陸兩地率先開始提供商用LTE服務，日本NTT DoCoMo與美國Verizon、MetroPCS亦相繼在2010年提供LTE行動寬頻服務。

中國移動擁有廣大內需市場及用戶規模，為延續其3G系統所採用之分時-同步分碼多重存取（TD-SCDMA）技術的長遠演進發展，在3GPP中力拱分時-長程演進計畫（TD-LTE）成為LTE主流技術之一。3GPP包括中國移動（China Mobile）及愛立信（Ericsson）等大廠已經透過大規模實測以及產業鏈內的諸多結盟，加速建立TD-LTE的完整生態體

愛立信

Ericsson。成立於1876年，總部位於瑞典斯德哥爾摩。為全球行動及固網營運商提供全方位通訊設備與相關服務，客戶遍布超過180個國家，承載全球40%以上的行動流量。

系，也成功吸引市場高度關注。愛立信於2010年7月在印度利用2.3GHz頻段成功展示全球首次TD-LTE端對端數據通話測試。

於是，寬頻產業原本普遍認為在2012年甚至2014年後才會成熟的LTE提早浮出檯面，成為整個行動通訊產業注目的焦點。

EV-DO演進資料最佳化

EV-DO是英文Evolution-Data Optimized或者Evolution-Data only的縮寫。有時也寫做EVDO或者EV。

EV-DO技術的基本作法是把「語音」和「數據」分別放在兩個獨立的載波上承載，這樣做極大地簡化了系統軟體的設計難度，同時也避免了複雜的資源調度演算法。

一條EV-DO通道的頻寬為1.25 MHz，實際建網時需要使用兩個不同的載波支援語音與數據服務，這雖然降低了頻率利用率，不過從頻譜效率上看，CDMA2000 1X加上CDMA2000 1xEV-DO的傳輸數據能力已經大大超過WCDMA。

從技術實現上面來看，語音和數據分開，既保持了高質量的語音，又獲得了更高的數據傳輸速率。網路規劃和優化上CDMA2000 1X和CDMA2000 1xEV-DO也相同，各個主要設備製造商的系統都能支援從

CDMA2000 1X向CDMA2000 1xEV-DO的平滑升級，因而對CDMA2000 1xEV-DO的推廣相當有利。

EV-DO雖然使用單獨的載波進行數據傳輸，但是從射頻角度來看，原系統IS-95/2000 1X與EV-DO完全相容，因此基地臺的射頻設備與IS-95/2000 1X系統可以相同，電信業者可在現有網路升級時保留原射頻設備，省下部分升級支出。

EV-DO技術提高了空中介面的傳輸速率；它採用速率控制而不是功率控制，可以始終使用最大功率發射下行鏈路訊號，提高了可靠性；運用特有的調度演算法合理處理細胞內多個終端的服務競爭。CDMA2000 1xEV-DO已經大規模商用，電信廠商也推出了多種適合高速率的行動數據應用服務。

1-4
4G商機大無限

行動通信的需求沒有上限？

當人們發現，原來用來通話與聯絡使用的行動通信技術，能攜帶與傳遞的訊息種類和訊息量有不斷向上擴大的空間，對行動科技發展及應用面的期許就不斷產生新的需求與進展。行動通信科技讓人們看見一個數位生活的新視野！

4G行動通信網路的推出，滿足了比3G更高的傳輸速率、更低的封包延遲、高系統相容性與穩定的細胞涵蓋品質等目標，這種新世代的網路將爲探索未來新的商業模式與新型的應用服務，以及數位匯流提供重要的發展基礎。

數位匯流

一方面是指傳統媒體與訊息傳遞的數位化，另一方面也是指傳統電信網路與網際網路出現後的IP網路的整合，因此亦有通訊匯流的稱呼。數位匯流可視為四種傳統上相對獨立的產業的融合過程，包括IT產業、電信產業、消費性電子產業和娛樂產業。整個數位匯流過程是由市場需求推動產生的跨產業融合，例如微軟公司（Microsoft）推出Xbox遊戲機，由IT產業跨入娛樂產業；又如蘋果電腦（Apple）創造智慧型手機iPhone，由IT產業搶進電信產業。藉由數位科技與內容的數位化

（digitized content），數位匯流趨勢也推動了各類匯聚型（converged）終端裝置（如智慧型手機和數位機上盒等）的誕生，及整合式應用服務的爆發性滋長（如在智慧型手機上、下載音樂與電子遊戲及處理電子郵件等），而這個趨勢得靠四合一網路（網際網路、電信固網、廣播電視網與行動網）融合出來的道路推進到使用者身上。

4G市場發展方向

4G網路架構與技術的成型，已帶動出新一波的商業模式與應用服務生態系統，促成了更廣泛的服務與應用，對未來市場發展的影響，主要有五個面向：提升技術性能、促成新行動應用服務、擴大終端裝置市場、差異化消費者體驗及商業模式的演進等。

一、提升技術性能

4G技術性能的提升，提供了更高的上行和下行吞吐量，以及更低的延遲和網路容量，各界一般認同，未來行動數據訊務量將呈爆發性成長。與3G技術相較，4G技術不論傳輸速率及訊務量瓶頸等皆有大幅改善和突破，頻譜使用效率至少提升二倍，也讓即時性應用服務（如網路視訊、社群、雲端應用等）獲得更佳的支援。

二、促成新行動應用服務

受惠於4G技術升級，過去許多行動通信衍生服務都獲得增強，譬如串流音樂（Streaming Music）、智慧型居家監控或數位儲存、多媒體簡訊服務（MMS）、數位相框及近場通信（NFC）等應用服務。同時，許多過去視爲不可能或無法商業化的構想，也都因爲4G大道的拓寬而有機會成爲新興行動應用服務，譬如網眞服務（TelePresence）、串流影音、大型多玩家線上遊戲（MultiMedia Online Gaming, MMOG），以及互動式學習、連網汽車（connected cars）等特定應用，這些都將是各相關產業進行下一波技術部署的熱門目標。

串流音樂（Streaming Music）

或可稱為隨選音樂（Music on Demand），傳統的音樂透過錄音帶、CD發行銷售，數位後改以mp3之類的音樂格式讓消費者可於網路上購買下載到電腦裡。隨著音樂播放器日益行動化，並與手機結合，串流音樂轉變為新的收聽與購買形式。與過去不同的是，消費者不需買下一首音樂，只需買下音樂收聽的權利，就可從任何播放器透過自己的帳號收聽或分享業者提供的所有音樂，此即線上隨選即聽的串流音樂。

近場通信
（Near Field Communication, NFC）

一種短距離的高頻無線通訊技術，允許電子設備之間在10公分（3.9英吋）內進行非接觸式點對點資料傳輸。這個技術由應用在無線滑鼠、無線鍵盤或倉儲管理上的免接觸式射頻識別（RFID, Radio Frequency Identification）演變而來。

網真服務（TelePresence）

一種透過結合創新的視訊、語音和溝通式元件（軟體和硬體）提供「虛擬體驗」的新技術，可使特定領域的專家、管理人員和其它重要資源無論身處何地都能隨時保持聯繫暢通及取得或處理資料，實現在正確的時間與所需人員的進行更多面對面溝通。

連網汽車（Connected Car）

汽車配置無線網路連接設備，以連上網際網路或區域網路，取得相關資訊與服務，例如；超速行駛告知、安全氣囊撞擊自動報警……等。

三、擴大終端裝置市場

網路功能提升與應用服務多元化等4G技術相關進化，終究需要透過使用者手上的行動終端設備來實現。行動裝置與電腦、家電產品等生活中的3C設備，亦在這一波4G潮流中加速聯結。電視可以上網及播放串流影音，冰箱也可以上網查食譜，電腦與手機可以互相傳遞資料或成爲同步運作的雙窗口，所有設備資訊都可以放進「雲端」再從手機上秀出來……隨著行動終端不斷地演進，透過智慧型手機及特定的終端裝置，促進了加值服務的持續創新。無形中，原本各自獨立運作的設備都聯結在一個以使用者爲中心的網路裡，這時候，行動終端裝置占了「地利之便」——易於攜帶在使用者手上——就成爲一個資訊匯流的重要樞紐。

隨著行動終端軟硬體能力的提升，吸引了大量的行動數據用戶，造成更多網路壅塞的情形。傳統上，行動終端上服務是由單一電信業者掌握與提供，但是愈來愈開放的電信應用生態系統，加上4G技術的催化，來自其他第三方業者也可開發應用服務與客製化工具組來滿足用戶的需求，這也意味著電信業者將面臨更嚴峻的挑戰。當然，電信服務的想像相對變得寬廣，合作者與競爭者都變多了，機會與危機都增加了，行動終端裝置的「行動優勢」仍將其他設備及應用服務在規劃設計時無法忽視的選項。

此外，經由開放的標準規格，終端已成爲高結構化裝置，未來將有更多像**隨身型易網機**（netbooks）、平板電腦、電子閱讀器之類的專用裝置進入這個市場。未來廠商可考慮朝向小眾利基終端裝置市場發展，以迎合市場規模較小但高單價客層的需求。廠商亦須建立新的銷售通路，以支援行動終

隨身型易網機

Netbook，專為行動上網所打造的縮小版筆記型電腦。

端裝置匯流及4G應用服務。

四、差異化用戶體驗

從1G到4G的進化歷程中，行動通信產業不斷開發及滿足使用者需求，用戶體驗的目標從通話品質提高、安全性提高，進展到數據傳輸速率提高、數據整合多樣化與即時化等新的方向。行動通信的應用面不斷拓展得更廣、更深，大量用戶被吸引進來使用大量的應用服務，但用戶仍期待有更多的新興應用服務能切入其日常生活中，未來應用服務的發展也將取決於這些4G服務的成功案例。相對而言，如何滿足不同用戶經驗的差異性？是否需部署特殊終端裝置？這些從用戶體驗差異化反推回來的思考，也將是影響行動通信產業未來發展的關鍵。

五、商業模式的演進

近年來業界興起吃到飽費率或固定費率的訂價模式，造成4%用戶占用超過70%的頻寬，亦產生因都會區高度使用智慧型終端裝置而造成網路瓶頸。由於4G服務勢將大幅增加頻寬的需求，倘若現行訂價模式持續，此問題將更形嚴重。目前業者已考量朝向依據特定因素，例如：使用速率、使用時間及服務品質（QoS）等分級的訂價模式，或是以另一種服務模式，即依據頻寬需求的訂價模式，對訊務暴量部分收取額外的資費，諸如串流影音或行動電視等服務。

此外，4G也將會擴展服務付費模式，有利於降低前期成本（例如用戶註冊費用、一次性消費、廣告、免費／付費雙制及按次計費）。然而，開放式的開發平臺及協同開發解決方案可能影響計費模式的運作，新興的4G服務使用樣貌及其生態系統的配置也將面臨由誰提供帳單及其收益如何分配等重要議題。

綜上所述，4G服務的重要內涵爲改善固有的電信業務。4G技術透過新的合作模式、智慧型系統的支援及跨平臺運作等，促成創新的應用服務。未來受惠於網路更加開放，加上更多應用程式可相容於多種終端裝置，將驅動4G服務更加蓬勃發展。由於新的解決方案及終端裝置帶動4G服務成長，可能需要一個不同於傳統3G生態系統的全新作法，特別是在目標族群（諸如消費者、技術設備購買者、中小企業、政府機關）、既有與新興終端裝置（數據機、嵌入式網卡、智慧型手機、特殊企業用終端裝置及M2M終端裝置），以及頻譜與傳輸服務（固定、游牧式、行動、VoIP、OTT影音）過多等面向。這些新的生態系統應考量如何透過新興服務以創造實質收益，以及新服務如何融入用戶的生活。

OTT影音

Over The Top，簡稱OTT。指透過網際網路將數位內容傳送到各式各樣連網終端的一種服務，例如YouTube和壹電視即是OTT的一種應用範例。

LTE快速成長的動力

依據GSA的2012年5月市場與技術報告，在2012年11月預計將有166個LTE商業網路部署在70個國家當中。若與現行業者所布建的HSDPA和HSUPA的行動系統相比，LTE是產業發展最快的行動通信技術。

有許多的理由支持LTE的快速成長，第一個因素是由於越來越多的智慧型手機、平板電腦、連網設備（Connected devices）以及機器對機器通訊（Machine-to-Machine, M2M）

的相關應用加入行動網路，造成全球行動數據訊務量的爆炸性成長。

其次，透過雲端運算與創新應用服務連接產品的行動寬頻網路也逐漸增加。這些趨勢也帶動了行動寬頻設備的需求，也就是需要更高的傳輸速率與容量、較低的延遲性，以及無縫接軌與一致的用戶經驗，而LTE正可處理這些問題。

一、提升速率，改善用戶體驗

具有LTE功能的設備理論上可達到100Mbps的下載速率與50Mbps上傳速率，不僅大幅提升了數據傳輸的速率，LTE的時間延遲性也比3G技術低於10倍，將可立即改善用戶的體驗。例如，一個標準的網路瀏覽器，可能需要50條訊息的來回載入一個網頁，因3G網路約有100毫秒時延，所以當3G網路接取時一個網頁時，最少需要5秒的時間，但LTE設備能在1秒內載入相同網頁。此外，由於LTE網路將控制平面和用戶平面採分離設計，致使行動應用服務有更佳的效能。LTE也簡化了交遞接取到2G/3G網路的程序。

二、可靈活性擴展

LTE靈活的特性，也受連接設備製造商、網路運營商和用戶的好評。由於LTE服務能部署在既有的2G與3G頻段、或是2.6GHz的新頻段，以及許多地區使用的較低頻段。因此，業者不僅可以重用2G的頻段，並可將現行3G網路上的高用量用戶分流到LTE的網路中，以提供LTE用戶與既有的3G用戶有更好的使用體驗，而不需與高用量的行動寬頻用戶共享資源。此外，LTE的頻寬也可彈性的搭配運用1.4MHz至20MHz的頻寬，無論是在上下行、或成對與不成對等情形下組合，這種靈活性意味著LTE設備和應用服務可以享有更高速的網路和更大的容量，以及更彈性的使用無線頻譜資源。

三、顯著的降低成本

由於LTE是一種基於IP且簡化核心和傳輸的all-IP網路技術，不僅降低業者在布建與維運的費用，LTE自我配置與自我優化的功能技術，也減少了網路布建成本與時程，這些特性降低業者每GB（Gigabyte）數據的傳輸成本，更大幅的減少了用戶設備與應用服務的總成本。

LTE這三大優勢，將使廣泛的應用服務與相關的連接產品直接受惠，包括：

- 行動消費性的電子設備，例如行動影音、遊戲與商業應用等，都將受益於LTE所帶來的高容量和更佳的用戶體驗。
- 車輛連網設備，將能提供更多元化的寬頻服務直接應用在汽車上。
- 家庭連網設備，LTE寬頻路由器可以取代有線接取，擴大定址的寬頻市場與降低設置的成本。
- 企業網路，包括企業持續性的潛在應用，臨時性的網路接取、員工寬頻網路服務，以及M2M應用與服務。

即使有些不需要較高傳輸速率與容量的應用服務，也將受惠於LTE所帶來的好處，例如有些內建LTE模組的M2M連網設備，雖不需要高傳輸速率但需要非常低的時延，或是需要以非常高頻段來傳送資料等，這些皆可由LTE的技術而獲得改善。

以LTE爲主的第四代行動通信網路已快速向世界散播，這條飛天大道已經有能力將人們多種生活面向交織串連起來，世界的距離近了，空間的阻隔彷彿經由一道「任意門」（日本卡通《哆啦A夢》的一種未來世界工具）化於無形。

B.B.Call

在手機尚未普及前幾年，B.B.Call曾在臺灣流行過好幾年。B.B.Call或稱為呼叫器、Call機（部分業者稱尋呼機、BP機，即beeper pager），正式名稱是「無線電叫人業務」，是一種具有接收／傳送簡易文字信息功能的個人無線電通訊工具。

呼叫器有單向（僅接收）和雙向（收發）兩種類型，單向機型最為常見。除此之外，因接收的內容不同，又分成四種機型：音樂機、數字機、文字機、語音機。

呼叫器在1990年代十分流行，雖然後來逐步被行動電話取代，但在部分國家（如美國）仍持續運用在醫院、餐館之類的特殊場合。

臺灣在1992年時的呼叫器用戶使用量正式突破百萬用戶，1999年達到432萬用戶的最高峰，服務也從單純的英、數字到加入中文服務，在當時股市熱潮帶動下也曾推出新聞與股市信息之類的加值服務。隨著行動電話的普及，呼叫器的用戶使用量也迅速的萎縮。國家通訊傳播委員會NCC於2011年2月底時統計，臺灣國內呼叫器的用戶數尚有約105～106萬戶左右，但真正仍在使用的戶數約只有10萬戶，其餘用戶多為第二類電信業者（註）提供股票機服務使用。隨著使用人數急劇滑落，國家通訊傳播委員會決議在2011年12月31日全面停止中華電信提供的呼叫器服務。

呼叫器發送信息的方式通常為撥打一個指定的電話號碼，呼叫器就會自動獲得發話者的電話號碼。而如果需要傳送文字信息，則通常會撥打網路供應商的電話，由人工代發。有些網路供應商也提供基於Web頁面或者是email的發送方式。

在美國，呼叫器仍有來自個人用戶以外的幾個大用戶。仍有不少餐館會給每個等位子的客人發一個呼叫器，有座位時，服務生會用呼叫器通知客人，客人在等座位期間可以先去辦其他事情。其他如修車行、購物中心也仍有使用機會。對部分充斥電子設備易干擾手機訊號之處（如某些IT業者、醫院），穿透力很強的呼叫器反而相當可靠。美國的傳呼網路已改由衛星控制，比手機的地面網路系統可靠得多，遇到緊急情況（比如自然災害）整個地區手機若完全失靈，呼叫器反而不受影響。

美國醫院使用呼叫器還有一個「保護個人隱私」的原因，因為在手機或者電話中透露與病人病情有關的信息可能會被旁人聽到，但是把信息傳到呼機上就可以避免這個問題。

註：臺灣電信業者的分類

我國的電信業，依《電信法》等法規所規範，主管機關為國家通訊傳播委員會（NCC）。《電信法》規定電信業分為第一類電信事業及第二類電信事業，其中第一類電信事業採特許制（電信法第12條：第一類電信事業應經交通部特許並發給執照，始得營業），第二類電信事業採登記許可制。

第一類電信事業包括了固定通信網路（固網）、行動通信網路及衛星固定通信等，有架設實體線路固網或實體無線基地臺用以經營電話或網際網路業務。經營第一類電信事業業務以外的則為第二類電信事業，沒有架設實體線路固網或實體無線基地臺，而是以向第一類電信業者承租固網或無線基地臺一定數量的門號或頻寬來經營自己的電話或網際網路業務的業者。

地球上的生命，以演化來提高生存的適應力與競爭力，

行動通信技術以演化式的進步將更多的不可能變成可能。

演進的發生，交織著無數心血與創意，

攤開進化的歷史，未來的路，

會更容易浮現出不同的可能路徑。

2 Evolve 演進

愛咪帶著先生和孩子在周末前走進山林，一家人開車來到雪霸國家公園接近大自然，大口呼吸新鮮空氣。

車子進入山區後，孩子在後座用手機上的地圖幫媽媽指路，同時跟爸爸說，不遠處就有一家便利商店，可以讓他先去買杯熱咖啡解解癮。孩子抱怨說，山上訊號時強時弱，地圖更新都要花較久時間，她要媽媽自己多注意路況，免得不小心錯過便利商店。

今天是星期五，愛咪先生排除萬難請了假陪家人出來玩，剛剛卻接到同事來電，要他幫忙傳一份重要資料給客戶。

愛咪跟先生說，便利商店有Wi-Fi上網，還好先生有帶新買的平板，他的資料都可以透過App從雲端資料夾抓下來，費率吃到飽，花的錢不會比較多。不過資料太大，用Wi-Fi寄送比較不需要等到兩眼盯著螢幕到頭暈。

車快到便利商店，手機就傳來該商店的優惠促銷訊息。愛咪叫孩子別在車上一直看地圖或玩遊戲，多看看戶外的風景。她也提醒先生到了便利商店傳完資料、買了咖啡就走，不要再「順便」回幾封客戶或同事的信。她知道現在手機和平板變得無所不能，她不太懂，平板跟筆記型電腦有什麼不一樣，她也不清楚，但聽說即便在山上也存在著許多種互相支援的網路，有時候連上Wi-Fi，有時候是3G，她不知道這有何差別，只是她確實發現幾年前在山上收不到手機訊號或無法上網的不便性早已不存在了。

什麼東西好像都可以黏在身上帶著走，好方便，但想要一個人清靜不受干擾時，就覺得好可怕。

「媽，快來看，這樹上有一隻鍬形蟲，好可愛。我用手機拍起來，貼到妳的臉書好不好？」

「老婆，讀書會小美的老公Line我，叫我問妳下山時可不可以順便到他們家拿一袋小美山上老家剛採回來的野菜。」

2-1 系統架構改造

行動通信應用視野自2005年演進到第四代之後變得極爲寬廣。從1897年馬可尼發出人類史上第一則無線長距離訊息後，其實也已匆匆過了一個世紀，但一個加速成熟的電信生態系統，讓人們日益瞭解到行動魔法幾乎快要無所不能。

簡稱爲4G行動通信系統的IMT-Advanced不僅能提供更廣泛的行動電信服務，以及固定網路（Fixed Network）和行動網路（Mobile Network）的接取，也可支援各樣的行動應用，並根據用戶的服務需求與環境，提供不同的傳輸速率。在眾多的應用服務與平臺，具有高品質多媒體應用的能力，提升網路性能和服務質量的顯著改善。

4G行動通信的特點，包括：

- 具有全球高度共通的功能性，及提供低廉與多樣化應用服務的彈性。
- 具備與國際行動通信網路及固網相容的通信服務。
- 具備與其他無線接取系統互連通信的能力。
- 提供高品質的行動通信服務。
- 具有可全球通用的用戶終端設備。
- 提供用戶使用方便的應用服務及終端設備。
- 提供全球漫遊服務能力。
- 提升最大傳輸速率以支援新式的服務和應用，在高速移動時可提供100Mbps的下載速率，靜止或低速移動時可提供1Gbps的下載速率。

通信科技及應用從1G到4G不過發展約三十年，人們已經瞭解及發現通信服務可以如此多樣化及具備許多未開發的可能性。同時，隨著無線電技術的演進，行動通信系統對高頻寬、大容量及低延遲的要求日益增加，如表2-1所示。

表2-1 行動通信系統的技術比較表

世代	技術	接取方式	載波頻寬	最高傳輸速率		延遲(ms)	頻段(MHz)	最高頻譜效率(Bit/s/Hz)
				上行速率	下行速率			
2G	GSM/GPRS	FDMA/TDMA	200kHz	56Kbps	114Kbps	500	900/1800	0.17
	EDGE(MCS 9)	FDMA/TDMA	200kHz	118Kbps	236Kbps	300	900/1800	0.33
3G	WCDMA	CDMA	5MHz	384kbps	2Mbps	250	900/1800/2100/2600	0.51
	HSPA	CDMA	5MHz	5.76Mbps	14.4Mbps	~70	DD*/900/2100/2600	2.88
	HSPA+ (3GPP Rel.8)	CDMA	5MHz	11.5Mbps	42Mbps	~30	DD/900/2100/2600	8.6
	LTE (3GPP Rel.8)	DL：OFDMA UL：SC-FDMA	最高20MHz	75Mbps@20MHz	300Mbps@20MHz	~10	DD/900/1800/2100/2600	DL：15 UL：3.75
4G	IMT-Advanced	–	最高40MHz	270Mbps@40MHz	600Mbps@40MHz	<10	IMT bands	DL：15 UL：6.75
	LTE-Advanced (3GPP Rel.10)	DL：OFDMA UL：SC-FDMA	最高100MHz	>500Mbps@40MHz	>1GHz@40MHz	<5	IMT bands	DL：30 UL：15
	WiMax2 IEEE 802.16m	OFDMA	最高100MHz	376Mbps@40MHz	365Mbps@40MHz	<10	IMT bands	DL：15 UL：6.75

註*：DD指數位紅利釋出之頻段。

資料來源：UMTS Forum，WiMAX Forum；TTC整理

隨著LTE無線通信系統的無線網路接取技術演進，3GPP提出許多新的解決方案，包括「正交分頻多工接取技術」（OFDMA）和MIMO等技術的運用，大幅的提升了無線網路的資料傳輸速率與頻譜的使用效能。

對照2G/3G/4G的技術比較，可以發現未來的無線通信技術發展趨勢具有三個特性：工作頻段更高、單一頻道使用頻寬更寬、信號樣式更多樣。

工作頻段更高

傳統的無線通信系統多使用3GHz以下之頻段，由於3GHz以下之頻段使用已相當擁擠，爲能使用更大的頻寬，無線通信系統使用3GHz以上之頻段已是不可避免的發展趨勢，例如國際電信聯盟已將3.4～3.6GHz分配供IMT-advanced技術使用。

單一頻道使用頻寬更寬

過去的調幅（Amplitude Modulation, AM）和調頻（Frequency Modulation, FM）一直是類比無線通信系統中最普遍使用的調變方式，這些系統的數據傳輸速率較低，需要的頻寬也有限。理論上，無線通道的頻寬愈大，傳輸容量也跟著變大。以行動通信系統爲例，1G類比式行動通信系統AMPS頻寬爲30kHz、2G數位式行動通信系統GSM頻寬爲200kHz、3G行動通信UMTS頻寬爲5MHz，4G行動通信LTE-Advanced的頻寬甚至可達100MHz，可看出未來頻寬的使用將朝向寬頻化的發展趨勢。由於頻寬的增加也使資料的傳輸速率大幅提升，4G行動通信產業也因寬頻速度的提升而能衍生許多各種新興的商業模式，並讓用戶得以享受高效能需求的應用服務，例如高解析節目、互動電視、次世代遊戲及其他專業服務，大幅提升了用戶行動寬頻體驗。

信號樣式更多樣

數位調變技術的發展使得信號調變類型越來越多，分頻多工接取（FDMA）、分時多工接取（TDMA）、分碼多工接取（CDMA）、正交分頻多工技術（OFDM）以及複合式的多工接取技術，使得終端設備的功能日益增強，但設計也日益愈趨複雜。

此外，因IMT的頻段分散於450MHz至3600MHz之間，使得4G行動終端的設計能容納多少頻段，並可確保訊號交遞（handover）與全球的漫遊（roaming）服務，又能維持終端設備的成本效應，也將是未來電信產業的一大挑戰。

爲符合未來多樣性的多媒體數據傳輸需求，3GPP在規劃設計下世代的演進技術時，決定將所有的服務以網際網路協定做爲主要的傳輸協定，並決定在LTE系統的核心網路EPC（Evolved Packet Core，演進式數據封包核心網路）中不再使用電路交換（CS）方式，而全面以封包交換（PS）做爲網路設計的方向，並且須支援GPRS/UMTS等既有之數據封包網路的演進與銜接。過去使用電路交換的語音和簡訊服務，也須使用IP爲基礎的解決方案加以取代。

演進封包交換系統（EPS）

「演進封包交換系統」（Evolved Packet System, EPS），主要是由「系統架構演進」（System Architecture Evolution, SAE）的核心網路和無線介面的「長期演進」（Long Term Evolution, LTE）的無線網路等二大部分所構成，如圖2-1所示。

圖2-1 EPS網路基本架構

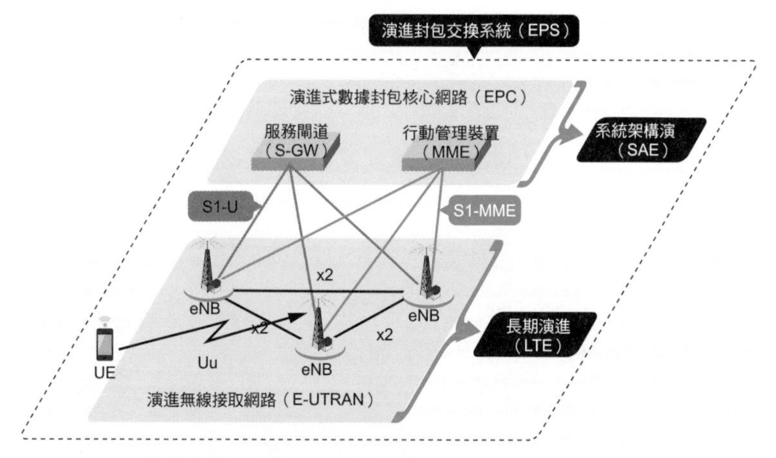

資料來源：Ericsson；TTC整理

3GPP於2008年12月Release 8的標準規範中，提出以IP為基礎的「系統架構演進」（SAE）架構，制定了下一代的核心網路，稱為「演進式數據封包核心網路」（EPC），同時也提出「長期演進」（LTE）計劃，精簡的設計出下一代的無線接取網路，稱為「演進無線接取網路」（Evolved Universal Terrestrial Radio Access Network, E-UTRAN），使整體的4G行動通信網路具有高吞吐量（high throughput）及低封包延遲（low latency）的特性。

在核心網路方面，EPC提供連接外部網路的功能，而服務的部分則由IP多媒體子系統（IP Multimedia Subsystem, IMS）作為控制服務運作的共用平臺。由於EPC網路是基於IP網路協定的多重存取核心網路，電信業者可以在單一共同的封包核心網路進行建置與運作各種不同的存取網路，如同屬3GPP系統的無線接取網路（4G、3G、2G）或非同屬3GPP系統的無線存取網路（WLAN、WiMAX）以及固定式接取網路（Ethernet、DSL、Cable、Fiber）等，不僅增加了系統相容性和涵蓋率，也降低了營運的成本。EPC也針對行動管理、規則管理以及安全三大功能進行相關的規範。

吞吐量

Throughput。為一描述服務速度的參數，通常被定義為: 在單位時間下的指定基準點之間，一個方向上資料位元成功地被傳送的數量。

ARQ

自動重傳請求（Automatic Repeat-reQuest，簡稱ARQ）。是一種錯誤糾正協議，透過使用確認和超時這兩個機制實現。如果發送方在發送後一段時間之內沒有收到確認訊息，它通常會重新發送。

HARQ

混合式自動重送請求（Hybrid Automatic Repeat reQuest，簡稱HARQ）。是一種結合FEC（Feed-forward Error Correction，前饋式錯誤修正）與ARQ方法的技術，透過返回確認（ACK）信號，錯誤則返回不確認（NACK）信號，決定是否要重送。FEC可用來糾正經常出現的錯誤圖樣以減少重傳的次數。目前HARQ被應用於高速下行封包接取（HSDPA）與高速上行封包接取（HSUPA）系統上。

在無線接取網路方面，E-UTRAN主要是由用戶設備（UE）以及與「演進式基地臺」（eNodeB）所組成。eNodeB除了提供用戶設備的無線網路接取服務，並直接與EPC進行資料交換的任務，同時也負責無線訊號的控制與資料處理，包括：無線資源管理（Radio Resource Management）、允入控制（Admission Control）、排程（Scheduling）、服務品質、封包資料標頭壓縮、資料加解密、封包資料處理、ARQ/HARQ等功能。

2-2
4G核心網路系統特性

3GPP為解決GSM及UMTS封包核心網路之複雜且具階層性的架構，在2008年的Release 8規範中，首先提出全新的核心網路架構，從網路性能和成本的角度，思考如何更有效地處理網路的負載資料和數據訊務量，同時也考量如何避免在處理訊務量和協定轉換時，牽涉到過多的網路節點。因此，3GPP決定將4G核心網路採取「扁平化」的設計，並將用戶資料與控制訊號分開傳送，使電信業者在進行網路系統擴充規劃時更具有延展性，如圖2-2所示。

網路節點
是指構成電信網路的主要元件。

4G行動通信系統從數個相關層面推動改進工程，包括：扁平化的網路架構，網路延遲時間的降低，無線傳輸速率與頻譜效率的提升，以及支援多種類型的網路介接功能等。

圖2-2 4G行動通信網路採取扁平簡化的設計

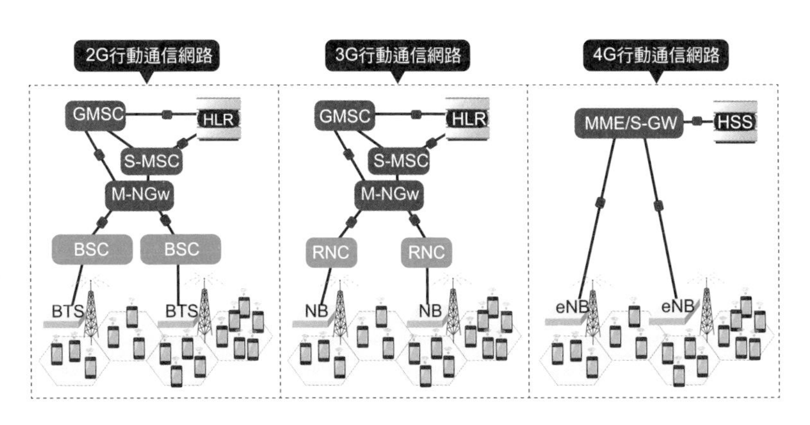

資料來源：TTC

4G大改造一：
扁平化網路架構與演進式基地臺eNodeB

All_IP
核心網路採用做為承載網路（bearer network），以一個單一傳輸平臺提供固定網路及行動網路上所有服務，包括使用者資料與控制訊號，多媒體、資料等各類服務都以IP封包傳送，此種整合型IP網路稱為 All-IP 網路。

相較於傳統2G/3G核心網路複雜且具階層性的網路架構，4G核心網路採取扁平化的All_IP架構設計，除了提升系統容量與涵蓋率外，更降低了網路建設成本及系統維運之複雜度。

3G網路系統由四層節點組成：

(1)3G基地臺（NodeB，NB）

(2)無線網路控制器（Radio Network Controller，RNC）

(3)GPRS服務節點（Serving GPRS Support Node，SGSN）

(4)GPRS閘道節點（Gateway GPRS support node，GGSN）

4G則將系統網路架構縮減到二層節點：演進式基地臺（Evolved NodeB，eNodeB）和核心網路的SAE_GW，以增加網路效能及降低建設成本，如圖2-3所示。

4G行動通信系統不僅將3G基地臺原有的功能轉移至4G演進式基地臺（eNodeB）外，原來3G無線網路控制器（RNC）執行的實體層、MAC層、RRC層、排程、接取控制、承載（Bearer）控制、無線資源管理等功能，也一併整合至演進基地臺eNodeB當中，成爲E-UTRAN網路中唯一的節點。

eNodeB之間透過x2介面，以多點對多點的方式連接，即一個eNodeB節點可連接到其他多個相鄰的eNodeB節點，形成網狀網路（Mesh Network），如圖2-4所示。

圖2-3　2G/3G/4G網路架構比較

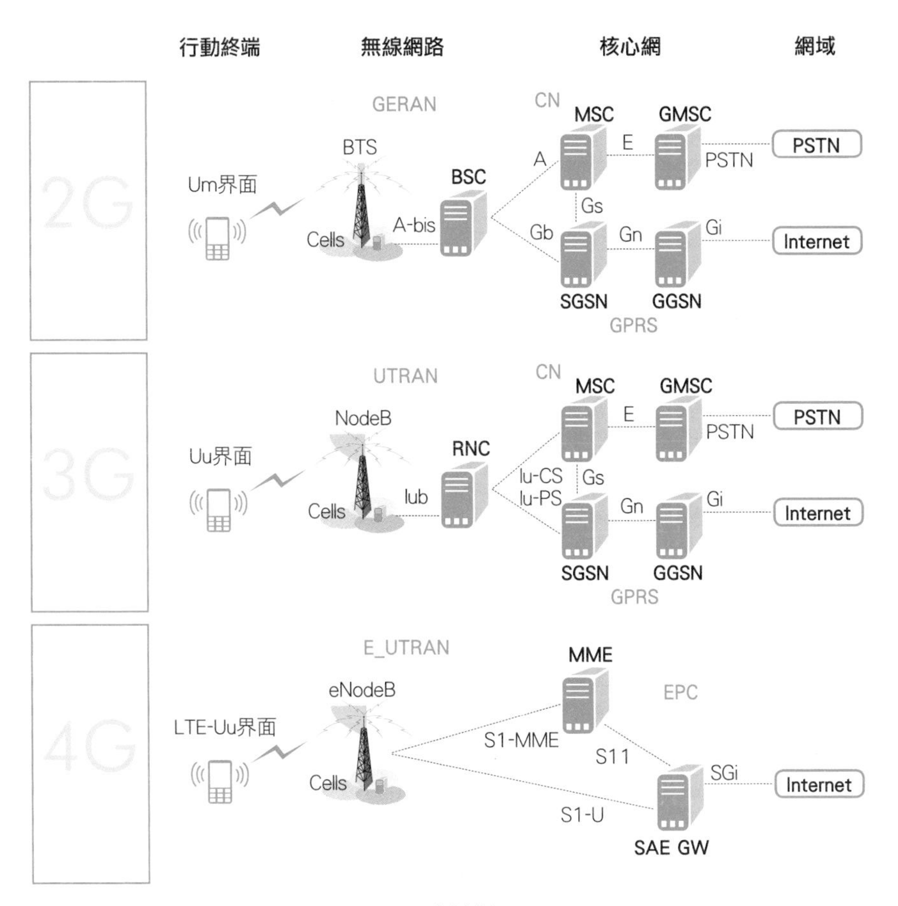

資料來源：TTC

原有2G/3G樹型分支的網路架構被扁平化後，4G演進基地臺將承擔更多的無線資源管理責任及相鄰基地臺的直接通話，同時也要確保手機用戶在行動網路中的無縫交遞（seamless handover）。

圖2-4 3G/4G網路差異比較

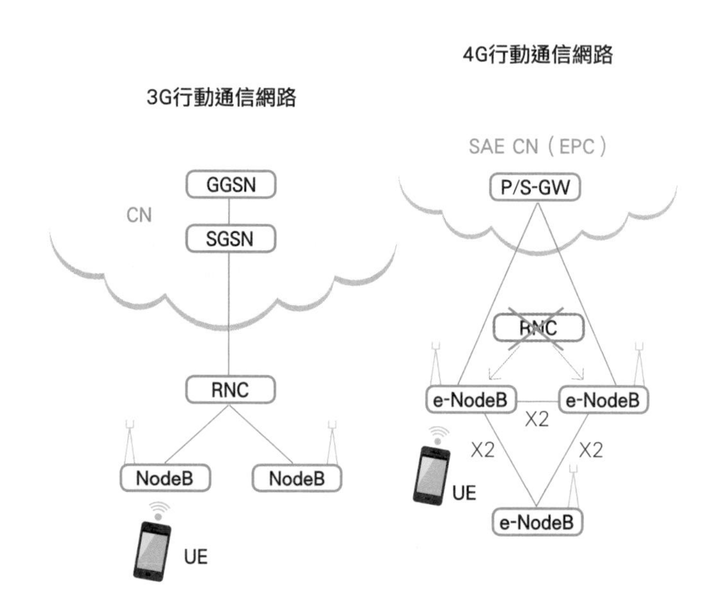

資料來源：TTC

4G大改造二：支援及相容於多種網路介接

相較於傳統2G/3G核心網路，4G行動通信系統除了支援同屬3GPP類型的行動通信網路（例如：2G/3G/4G）的介接，或非同屬3GPP類型的行動通信網路（例如：CDMA2000、WiMAX、TD-SCDMA與WLAN）的網路介接及網路間的交遞作業外，同時也能向下相容舊有的網路系統，讓目前已廣泛部署GSM、WCDMA與HSPA的網路，也能逐步演進升級至LTE/SAE系統架構。4G行動通信系統之核心網路能支援多元的網路接取技術之介接，提供各種以IP爲基礎的服務，達到網路匯流的目的。

值得特別注意的是，在非屬3GPP技術中，又可分爲「被信任」（Trusted）與「不被信任」（Untrusted）二種類型網路，電信業者可自行定義介接網路的類型。非屬3GPP的「被信任」網路，可以直接與EPC進行連接互動。而非屬3GPP的「不被信任」網路，在與EPC介接互通前，須先進行通道安全機制的查核，建立安全的網路連線。

由於3GPP未特別規範「被信任」與「不被信任」的要求，因此電信業者可基於商業考量，選擇信任同一業者或不同業者經營的非屬3GPP的網路接入，例如WiMAX系統或WLAN系統等。

4G大改造三：無線接取網路效能的提升

4G行動通信系統除了簡化核心網路外，針對「演進無線接取網路」E-UTRAN也引進許多創新變革的無線技術，不僅改善網路整體的效能，更大幅提升了網路的傳輸速率、頻譜效率、移動性及涵蓋範圍，以及無線寬頻用戶的使用體驗。

4G行動通信系統在下行傳輸採用正交分頻多工OFDM（Orthogonal Frequency Division Multiplexing）技術。OFDM屬於多載波（multi-carrier）傳輸技術，基本觀念是將一高速數據流分割成數個低速數據流，或稱子載波（narrow subcarrier），並將資料載在許多子載波上同時傳送出去，由於不同載波之間維持相互正交(orthogonal)，此特性使得子載波間互不干擾，因此傳送資料可在接收端被完整地還原解出。

此外，OFDM子載波在不同的無線環境條件下，能支援QPSK、16QAM及64QAM等不同的數位調變技術，即無線資源單位(radio resource element)將隨著不同調變技術的使用，承載不同的位元資料量，如圖2-5所示。例如，當4G無線網路系統獲「通道品質指示」(Channel Quality Indication, CQI)回報無線通道訊號條件極佳時，系統排程機制(Scheduling)將指配載波使用64QAM調變技術，此時每個無線資源單位可承載傳送6個位元的資料量。若無線通道環境變得差時，排程機制則將指配載波使用16QAM的調變技術，每個無線資源單位仍能承載傳送4個位元資料量。一旦無線通道處於極差的環境時，系統也將指配使用QPSK的調變技術，此時每個無線資源單位僅能承載2個位元資料量的傳送，以避免資料錯誤率的產生。

因此，當用戶能獲得越多的資源區塊 (resource block)或無線資源單位使用越高的調變技術時，其位元傳輸的速率就會變得越快。

圖2-5 正交分頻多工（OFDM）技術

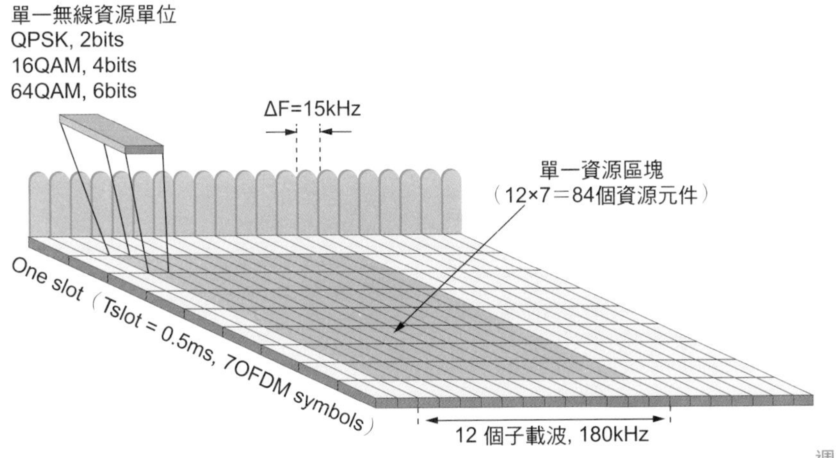

資料來源：Ericsson

爲有效應付多路徑干擾問題，OFDM利用週期性前綴（Cyclic Prefix，CP）技巧，藉以消除碼際干擾（Inter-Symbol Interference，ISI）及維持子載波間的正交性。由於OFDM能有效對抗多路徑通道，降低接收端通道等化器之複雜度，配合MIMO天線技術的使用，更大幅提升4G行動通信系統的無線傳輸效能。

此外，由於OFDM發射訊號之峰均功率比（PAPR）較單載波訊號大，不利於功率放大器之運作，容易使得接收訊號失眞，也會更快耗盡手機電池。故4G行動通信在上行傳輸中，採用單載波分頻多工接取（SC-FDMA）技術來彌補OFDM的缺點，改善涵蓋範圍與蜂巢細胞的邊緣效能。

週期性前綴

Cyclic Prefix，簡稱CP。在OFDM symbol前端加入一保護區間。

碼際干擾

Inter-Symbol Interference，簡稱ISI。傳送訊號在通過具有多重路徑干擾的通道後，會造成前一個符元的後端部分干擾到下一個符元的前端。

峰均功率比

PAPR。峰值與平均值功率之比，通常是指訊號的峰值功率與平均功率之比。OFDM 的各子載波相位相同或者相近時，疊加訊號便會受到相同初始相位訊號的調製，從而產生較大的瞬時功率峰值，由此進一步帶來較高的峰值平均功率比。

相較於過去2G使用的分時/分頻多工接取技術（TDMA/FDMA），3G使用分碼多工接取技術（CDMA），4G行動通信使用的正交分頻多工接取技術（OFDMA），不僅提供了更高的傳輸速率與頻譜效率，同時也增加了網路系統的容量，如圖2-6所示。

圖2-6 FDMA/TDMA/CDMA/OFDMA多重接取技術之差異

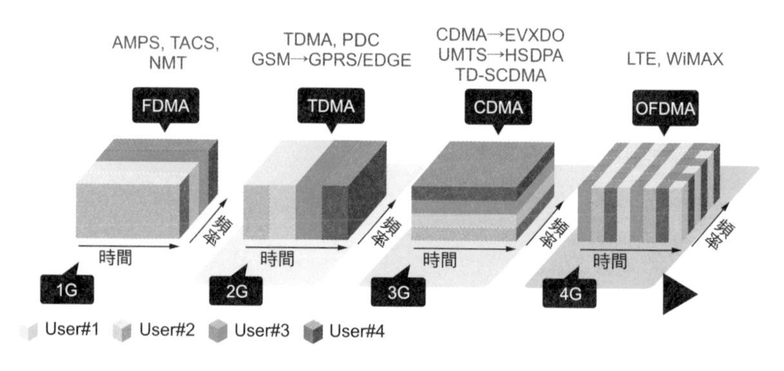

資料來源：中華電信

創新關鍵技術推動4G進化

隨著數位設備與無線寬頻技術不斷的推陳出新，配合豐富多樣應用服務的蓬勃發展，帶動了行動頻寬的需求大幅增加。由於行動數據訊務量呈現爆炸性的成長，造成了無線網路壅塞的情形，使業者面臨無線資源不足與分配的問題。因此，4G行動通信系統採用下一代無線寬頻接取技術，結合All-IP網路的新系統，在彈性可調的頻寬內，可提供下傳速率達1Gbps、上傳達500Mbps的資料傳輸速率。

面對未來高頻寬、高資料傳輸率的應用需求，4G行動通信系統引進了一系列的關鍵技術，包括：增強上/下行MIMO天線技術、載波聚合（Carrier Aggregation，CA）技術、多點協調傳輸與接收（Coordinated Multiple Point，CoMP）技術、無線中繼技術以及異質網路（HETNET）的應用，藉由這些創新關鍵技術的引進來提升資料傳輸的速率與降低干擾的發生，不僅提高系統的容量，更可改善網路頻寬壅塞的情形，如圖2-7所示。

圖2-7 4G關鍵技術對網路效能的提升

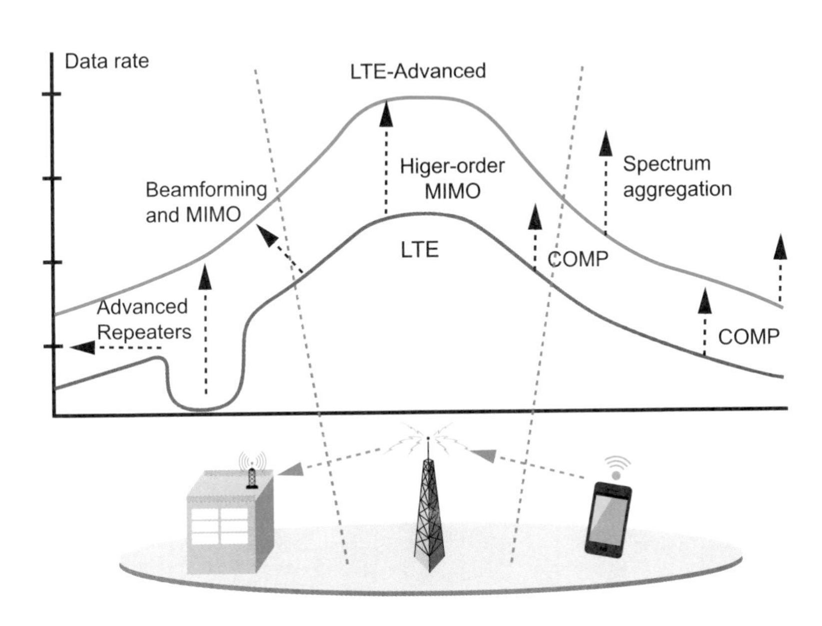

資料來源：Ericsson

此外，4G的技術進化，不但大幅擴展了人與人之間的溝通面向，也能讓機器與機器之間可以透過網路交換資訊。機器型態通信（Machine Type Communication, MTC）是指機器對機器（Machine to Machine, M2M）之間的通信，又稱爲物聯網（The Internet of Things, IOT），允許物件與物件之間利用網路環境有智慧地互通溝通。

物聯網

Internet of Things，簡稱IoT。將所有物品植入感測器，經由無線通訊技術與網際網路連接，提供智慧化管理，形成物品資訊的交流、互聯與共享，讓所有的物品都能連接在一起，實現識別、定位、監控和管理的目的，近年應用遍及智慧交通（車聯網）、城市安全等多種領域。

深入瞭解EPC與E-UTRAN

演進式數據封包核心網路（EPC）主要是由四個網路節點元件所組成，包括：服務閘道（S-GW）、數據封包網路閘道（Packet Data Network Gateway, PDN GW或P-GW）、行動管理裝置（Mobility Management Entity, MME）以及本籍用戶伺服器（Home Subscriber Server, HSS），如圖2-8所示。

圖2-8 EPC網路節點

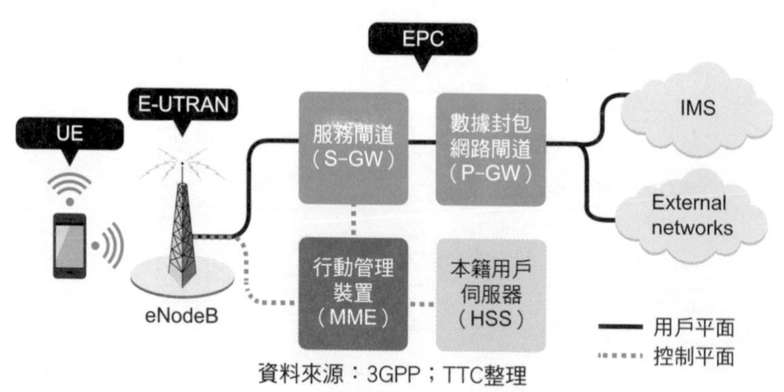

資料來源：3GPP；TTC整理

EPC的運作模式

EPC核心網路主要是負責對用戶設備整體的控制及建立相關的服務承載。用戶設備（UE）和核心網路（CN）之間的通信協定，稱為非存取層協定（Non-Access Stratum, NAS）。非存取層（NAS）的連接管理程序是網路接取的基礎，EPC透過行動管理實體執行用戶設備與核心網路之間的非存取層控制訊號的處理，並進行非存取層安全性與行動管理，以及EPS承載的建立、維持和釋出等控制。而服務閘道（S-GW）是所有用戶數據封包通過的服務閘道，當手機用戶的資料承載在eNodeB之間移動時，S-GW提供本地轉移的錨點。在核心網路中P-GW負責用戶IP地址的配置，以及將用戶封包資料，過濾到不同等級服務品質承載。為了能夠支援不同業者間網路系統的互連互通，EPS的每個節點元件都是使用標準化的介面，使電信業者網路具有網路的延展彈性。如圖2-9所示。

此外，EPS除了提供通話安全和保護用戶隱私等措施外，同時也提供用戶以IP連結封包數據網路（PDN）的上網服務，或網路電話（Voice over IP, VoIP）的服務。通常一個EPS承載（EPS bearer）關聯著一個相對應的服務品質。而一個用戶也可建立多個EPS承載，每個承載可提供不同的服務品質或連接到不同的PDN網路。例如，用戶可能一邊進行VoIP的呼叫，同時也進行網頁瀏覽或FTP下載。針對VoIP承載的語音通話，核心網路通常會提供較高的語音服務品質，而網頁瀏覽或FTP通話承載的服務品質，核心網路則採取盡力而為（Best Effort）的方式進行傳送。

圖2-9 E-UTRAN與EPC主要功能的區別

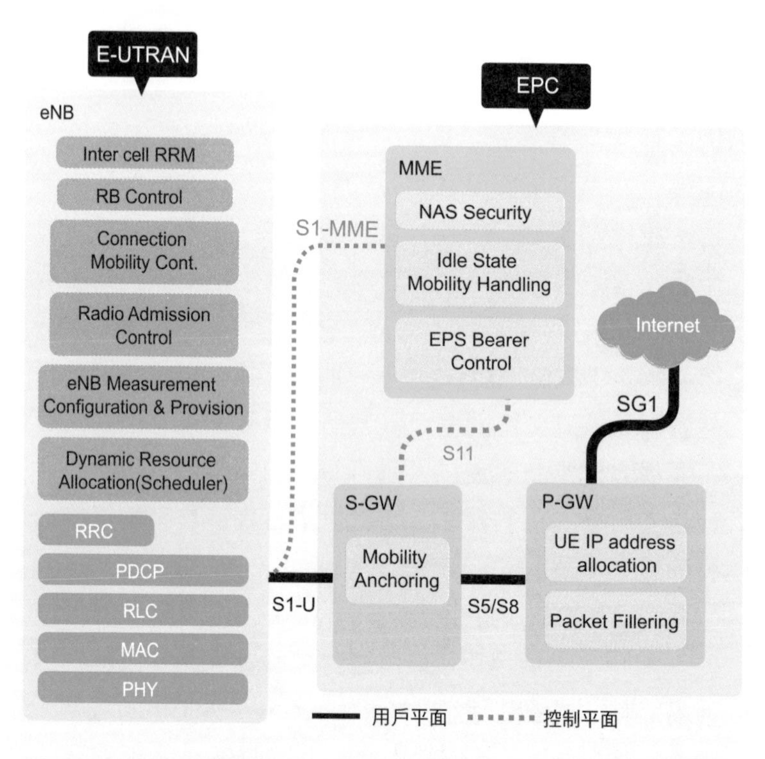

資料來源：3GPP；TTC整理

相較於3G系統，4G的EPS系統允許某些程序可連鎖的運作，這也加速了服務承載的建立以及縮短網路連線的時間。當手機用戶開機並連接上電信網路後，行動管理實體將產生一個用戶設備內文（UE context），並分配用戶設備一組SAE臨時行動用戶識別碼（SAE Temporary Mobile Subscriber Identity, S-TMSI），藉以識別在行動管理實體中所有的用戶設備內文資訊。由於用戶設備的內文保有從HSS節點下載的用戶註冊基本資料，並儲存於行動管理實體中，因此當行動管理實體進行服務承載建立時，不僅可減少對HSS相關資訊的檢索時間，更加快了行動管理實體程序的執行。同時，用戶設備內文資訊也記錄著過去曾建立的承載列表以及終端功能等動態資訊，當用戶設備用戶重新登入網路時，也加快了網路程序處理的速度。

本籍用戶伺服器（HSS）

「本籍用戶伺服器」是一個客戶本籍的資料庫，資料庫中記載著使用者和用戶相關的訊息，並提供行動管理，呼叫和網路會話設置，用戶認證和網路接取授權等功能。

服務閘道（S-GW）

「服務閘道」與數據封包網路閘道（P-GW）是處理有關用戶資料（user plane）的節點，它們負責運送用戶設備和外部網路間的IP數據資料。其中，服務閘道是無線接取（E_UTRAN）與EPC之間的互連點，並利用S1-U

傳輸介面與eNodeB溝通。服務閘道主要提供用戶設備的IP數據封包之傳入和傳出的路由服務，並傳遞使用者的封包資料。此外，服務閘道也是作為與同屬於3GPP相容之2G/3G/4G無線通信系統間的錨點（Anchor），以支援與其他2G/3G/4G無線通信網路間的交遞作業。

數據封包網路閘道（P-GW）

「數據封包網路閘道」是EPC和外部IP網路之間的互連點，並提供手機和外部封包資料網路的連線。數據封包網路閘道（PDN GW）除負責安排與外部PDN網路之封包傳輸的路徑外，也執行IP位址及IP字首位址的配置或規則的控制與計費作業。

行動管理實體（MME）

「行動管理實體」是核心網路的主要控制節點，負責E_UTRAN網路行動性與安全性的控制訊號處理，利用S1-MME傳輸介面與eNodeB溝通。行動管理實體主要的功能還包括：手機網路註冊（Attach）與解除註冊（Detach）流程的處理，以及管理演進數據封包系統的承載，例如服務承載的建立，修改和拆除。同時藉由與HSS溝通進行用戶身分認證、授權和計費等安全功能，並負責追蹤及呼叫處於閒置模式（Idle Mode）的用戶設備。此外，行動管理實體也負責與手機進行NAS通信協定層資料的交換與保護，以及負責對存取層（Access Stratum, AS）通信協定層的安全控制。

E-UTRAN運作模式

E-UTRAN主要負責無線資源管理與分配，以及服務承載和網路連接等控制，並由多個演進式基地臺（eNodeB）所組成。由於E-UTRAN對用戶之移動及訊務的處理，不是以集中式的節點進行管理，而是在eNodeB彼此之間進行控制協調，因此E-UTRAN接取網路呈現扁平化的架構。當用戶在進行移動時，eNodeB之間透過x2介面彼此連繫，原來的基地臺會將用戶設備的相關資訊轉移到新的eNodeB中。eNodeB與核心網路的行動管理實體是以S1-MME介面相連，傳送控制平面（control plane）的控制信號及服務承載的路由，而eNodeB與S-GW則是透過S1-U介面相接，傳送用戶平面（user plane）的話務資料，如圖2-10所示。

由於4G行動通信系統將所有無線控制的功能都整合在演進基地臺中，使得E-UTRAN與不同的協定層之間有更緊密的互動，進而降低訊號往返的延遲時間，提高網路的效率。這種分散式的控制方式，也減少了網路節點的維運成本，避免網路單點故障（single points of failure）的風險。

此外，E-UTRAN的無線資源管理（Radio Resource Management, RRM）也負責包括：無線承載的控制、無線允入控制（radio admission control）、無線移動控制（radio mobility control）、排序（scheduling）以及上下行用戶設備資源的動態分配等管理。值得注意的是，未經壓縮的封包資料，特別是對較小的封包內容（如VoIP），可能會造成網路嚴重的負荷，因此E-UTRAN也負責將IP封包資料進行標頭壓縮的處理，以有助於無線介面能被有效的使用。同時E-UTRAN也會對所有發送到無線介面的數據資料，進行安全性管理的加密動作。

圖2-10 E-UTRAN接取網路之架構

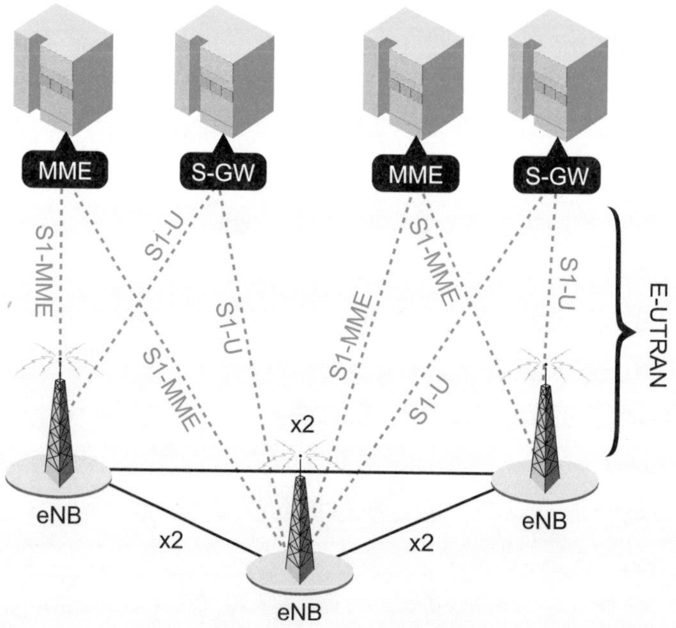

資料來源：3GPP；TTC整理

E-UTRAN無線協定架構

由於EPS的eNodeB、MME、S-GW和P-GW等網路元件，是透過LTE-Uu、S1-MME、S1-U和S5/S8網路介面，傳送網路元件間的控制訊息或話務資訊。這些網路元件在傳輸資訊時，所使用一系列的溝通協定，是由不同功能協定層所構成的堆疊結構，稱為協定堆疊（Protocol Stack）。在E-UTRAN的無線協定架構中，將用戶平面與控制平面分離，用以區分網路控制封包以及用戶傳輸的封包資料，提供E-UTRAN在eNodeB與用戶設備間的資料訊息傳輸協定，如圖2-11所示。

圖2-11 E-UTRAN無線協定架構

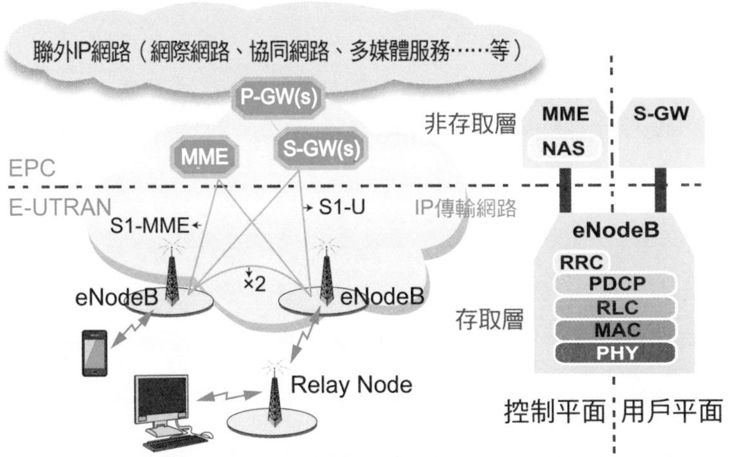

資料來源：3GPP

一、用戶平面（user plane）協定

無線網路E-UTRAN的用戶平面協定，主要是由封包資料匯聚協定（Packet Data Convergence Protocol, PDCP）、無線連結控制（Radio Link Control, RLC）、媒體存取控制（Medium Access Control, MAC）和實體層（L1 Layer）等協定堆疊而成，如圖2-12藍色部分所示。

在用戶平面協定中，PDCP層主要負責將用戶的封包資料，進行標頭壓縮、資料加密；RLC層負責封包切割與重組、錯誤偵測與重送；MAC層主要負責資料傳送的排程與優先次序；PHY層（或稱實體層、L1層）負責通道編碼解碼以及調變解調等處理。當用戶設備的IP封包資料要進行傳送時，封包資料會被封裝在EPC所規範的協定和通道中，並透過eNodeB、S-GW和P-GW節點間的S1和S5/S8介面，進行用戶封包資料的傳送作業。

值得注意的是，4G行動通信系統將原3G系統的無線網路控制器負責細胞交遞之功能，轉由eNodeB本身透過x2介面與相鄰基地臺進行換手的處理。相較以往，在沒有任何中央控制的節點協助下，用戶在E-UTRAN網路進行的細胞交遞動作時，eNodeB基地臺本身必須進行數據資料緩衝的處理作業，確保用戶資料的完整性。此外，當細胞交遞進行時用戶資料保護是由PDCP層所責任，換手完成後的細胞重建，則由RLC層和MAC層負責。

圖2-12 E-UTRAN用戶平面協定

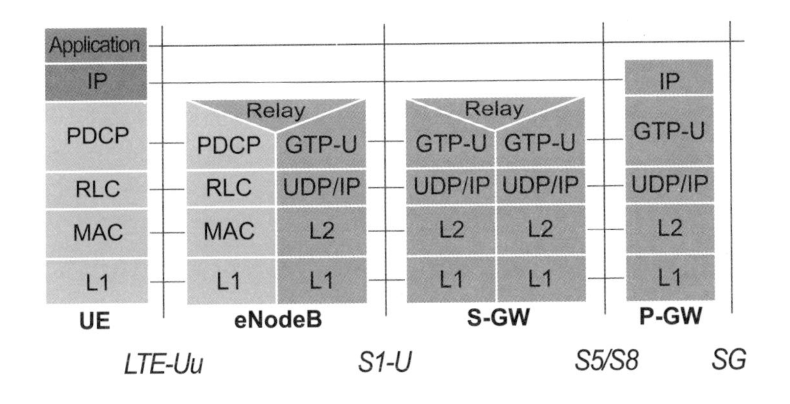

資料來源：3GPP

二、控制平面（control plane）協定

用戶設備和行動管理實體之間的控制平面協定，如圖2-13所示。藍色部分的協定堆疊區域是屬於存取層協定的部分。在控制平面下層之PDCP/RLC/MAC/L1協定中，除了PDCP沒有標頭壓縮外，其他的功能皆與用戶平面相同。無線資源控制（Radio Resource Control, RRC）是屬於網路層（Layer 3）的協定，也是存取層協定主要的控制功能，RRC負責執行eNodeB與用戶設備之間系統訊息的廣播、尋呼、RRC連線管理、無線承載的建立與控制、行動管理以及用戶設備量測等控制訊息的處理。

圖2-13 E-UTRAN控制平面協定

UE	eNodeB		MME
NAS			NAS
RRC	Relay RRC	S1-AP	S1-AP
PDCP	PDCP	SCTP	SCTP
RLC	RLC	IP	IP
MAC	MAC	L2	L2
L1	L1	L1	L1

LTE-Uu　　S1-MME

資料來源：3GPP

NAS是在控制平面的最高層，主要負責用戶設備與核心網路的聯繫，並支援用戶設備的行動管理功能、用戶平面之承載的啟始、修改和停用，以及對NAS信號進行加密和完整性的保護。同時，NAS也支援會話管理的程序，包括：UE和P-GW間的IP連線之建立和維持。

EPS行動管理

EPS的目標是要提供用戶隨時有IP連接可用（ready-to-use）以及隨時連線（always-on）的體驗，然而用戶設備的使用行為與行動狀態，將造成無線網路資源的影響。因此，4G行動通信系統基於無線網路資源的管理及用戶設備使用行為與移動的情形，歸納為三種模式：LTE_DETACHED、LTE_IDLE、LTE_ACTIVE，如圖2-14所示。

圖2-14 EPS行動管理模式

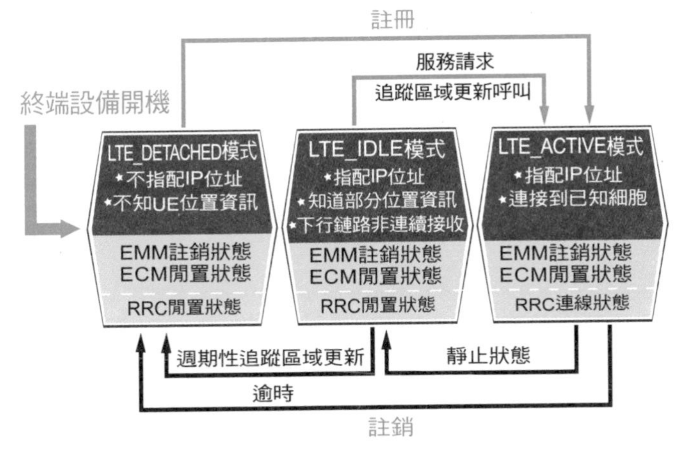

資料來源：TTC

模式一：LTE_DETACHED

在LTE_DETACHED模式下，用戶設備用戶尚未登入電信網路中，除了EPS行動管理（EPS Mobility Management, EMM）將處於註銷（EMM-DEREGISTERED）狀態外，負責用戶設備與EPC核心網路間之信號連線的EPS連線管理（EPS Connection Management, ECM），也處於閒置的狀態（ECM-IDLE），同時負責用戶設備和E-UTRAN無線網路間之信號連線的RRC連接，也是處於閒置的狀態（RRC-IDLE）。

當用戶設備處於EMM註銷狀態時，在行動管理實體中的沒有任何的EMM內文（EMM context）資訊被建立，故行動管理實體不知用戶設備的位置資訊，也無法與用戶設備取得聯繫，核心網路也不指配IP位址予用戶設備用戶。一旦用戶設備要附著（attach）上電信網路，便會發送ATTACH REQUEST訊息給行動管理實體端，建立一個EMM的內文。當用戶設備完成登入網路的註冊，並與eNodeB建立了RRC Connection的連線後，用戶設備隨即轉入LTE_ACTIVE的模式。

模式二：LTE_ACTIVE

當用戶設備完成網路附著程序轉入LTE_ACTIVE模式後，用戶設備將處於註冊（EMM-REGISTERED）狀態，EMM內文資訊已被建立，此時行動管理實體擁有用戶設備完整的資訊如國際行動用戶識別碼（IMSI）、全球唯一臨時標識（GUTI）、追蹤區域清單及IP位址等資訊，並有一個預設承載與PDN網路連接。而介於用戶設備與核心網路間的NAS信號連線也被建立，因此用戶設備也處於ECM-CONNECTED的狀態，網路知道用戶設備是屬於那一個基地臺細胞，並可接收及發送來自用戶設備的資料。此外，用戶設備和行動管理實體也分別建立了RRC連線和S1_MME的連線，當用戶設備在此狀態下移動於不同的基地臺時，必須進行交遞的程序。一旦用戶設備超過一段時間沒有傳送資料或接收資料封包後，為避免網路資源浪費並節省無線網路資源以及節省用戶設備電源，用戶設備將轉入LTE_IDLE模式。

模式三：LTE_IDLE

在LTE_IDLE模式，用戶設備仍處於EMM註冊（EMM-REGISTERED）的狀態。EPC為了節省網路資源，避免造成網路壅塞的情形發生，當用戶設備與核心網路間沒有NAS的信號連線被建立，系統將釋放出用戶設備與eNodeB間的RRC無線資源連線，以及釋出eNodeB與行動管理實體間的S1連線，此時用戶設備將處於ECM-IDLE狀態。在沒有NAS連線的狀況下，用戶設備在E-UTRAN沒有用戶設備內文資訊，行動管理實體僅知用戶設備在該追蹤區域內。在此狀態下，用戶設備仍可接收系統資訊和尋呼訊息，及執行細胞的選擇/重選或進行PLMN的選擇，並由NAS配置非連續接收DRX（Discontinuous Reception）機制來節省用戶設備電力。當用戶設備要轉移至連線狀態時，須執行追蹤區域更新（Tracking Area Update, TAU）程序。

簡而言之，當用戶設備開機完成網路附著程序後，用戶設備進入網路註冊（registered）的狀態，同時EPS也提供用戶一個預設承載（default bearer）給用戶使用，而EPS為減少接取網路E-UTRAN處理用戶設備的負載，所有與用戶設備相關的訊息包括無線承載（radio bearers）在內，當用戶資訊長時間處於閒置下，無線資源將被釋出，用戶設備也會被轉移至ECM-IDLE的狀態，在閒置的期間內行動管理實體仍保留用戶設備內文資訊與相關的承載訊息。為了讓網路仍能連繫處於ECM-IDLE

的用戶設備，一旦用戶設備離開目前所處的追蹤區域（Tracking Aera, TA）時，用戶設備便會進行追踪區域更新的動作，告知網路自己所處的新位置。在用戶設備處於ECM-IDLE的狀態下時，行動管理實體須負責保持對用戶位置的追踪。

當網路須傳送下行資料予處於ECM-IDLE狀態的用戶設備時，行動管理實體會先發送尋呼訊息到追蹤區域（TA）轄下所有的eNodeBs中，基地臺再透過無線介面LTE-Uu尋呼用戶設備。一旦用戶設備收到尋呼消息後，便會提出服務請求（service request）的程序，用戶設備狀態也轉換為ECM-CONNECTED連接狀態。此時，行動管理實體負責對無線承載進行重建，並更新eNodeB中的用戶設備內文資訊，如圖2-15所示。

圖2-15　EMM、ECM及RRC網路連線狀態

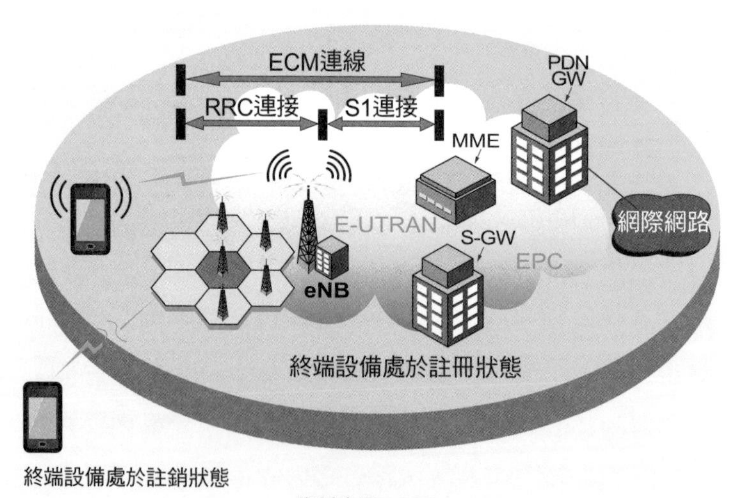

資料來源：TTC

網路服務品質（QoS）與EPS承載

4G行動通信系統為加速用戶設備服務承載的建立以及用戶設備由閒置轉換啟動的狀態，EPS針對承載的啟動，支援NAS和AS程序可連鎖的運作，透過NAS和AS之間相互的協定，允許程序同時運行，使網路可以進行承載建立的程序，而無須等待安全程序完成，此作法不同於3G系統是需要依照程序的順序運作。

在任何時候一個用戶設備可同時執行多項的應用服務，每個應用服務有著不同的服務品質要求。例如，用戶設備可以一邊進行VoIP的通話，也同時進行網頁瀏覽或下載FTP的文件。相較於網頁瀏覽和FTP應用服務型態，VoIP對時延和時延抖動有較嚴格的網路服務品質要求，對網頁瀏覽和FTP等服務，則要求有較低的資料遺失率。為了支援各種應用服務不同等級的網路服務品質要求，當EPS之不同承載建立時，每個承載會帶有一個相關的網路服務品質等級。廣義而言，服務承載基於網路服務品質性質，可區分為兩種類型，包括：

一類是保證位元速率（Guaranteed Bit Rate, GBR）的承載，適用於VoIP的應用服務。GBR類型的服務承載之建立或修改，有專用的傳輸資源配置，例如eNodeB允入控制（admission control）功能，即與GBR有關。在資源許可的情形下，一個GBR承載可取得更高的位元速率，因此最大位元速率（Maximum Bit Rate, MBR）的參數，也與GBR承載具有關聯性。

另一類則是非GBR的承載，其特性是不保證任何特定的位元速率，適用於如網頁瀏覽或FTP下載等應用服務。對於非GBR的承載，沒有固定專用的頻寬資源配置。

在接取網路中，eNodeB負責確保每個服務承載在無線介面中有足夠的網路服務品質，而每個服務承載也與服務品質之類型標識（QoS class identfier, QCI），配置保留及優先（ARP）有關。其中ARP的作用是，在資源有限的情形下，決定接受或拒絕承載的建立或修改的請求。每個服務品質之類型標識定義了優先權（priority）、封包時延預算（packet delay budget）和可接受的封包遺失率（packet loss rate）的需求指標，並決定每個服務承載在eNodeB應如何的處理，如表2-2所示。

表2-2　網路服務品質（QoS）之類型標識

QCI	資源類型	優先權	封包延遲預算（ms）	封包錯誤遺失率	服務應用舉例
1	GBR	2	100	10-2	Conversational Voice
2		4	150	10-3	Conversational Video （Live Streaming）
3		3	50	10-3	Real Time Gaming
4		5	300	10-6	Non-Conversational Video （Buffered Streaming）

5	Non-GBR	1	100	10^{-6}	IMS Signalling
6		6	300	10^{-6}	Video (Buffered Streaming) TCP-based (e.g., www, e-mail, chat, ftp, p2p file sharing, progressive video, etc.)
7		7	100	10^{-3}	Voice, Video (Live Streaming) Interactive Gaming
8		8	300	10^{-6}	Video (Buffered Streaming) TCP-based (e.g., www, e-mail, chat, ftp, p2p file sharing, progressive video, etc.)
9		9	300	10^{-6}	

資料來源：3GPP；TTC整理

服務品質之類型標識所要求的優先權、封包時延預算及可接受的封包遺失率，將決定AS中RLC協定的配置，以及MAC協定處理承載的排序。例如，一個具有高優先權的封包會比低優先權的封包較早進行排序的動作。對於減少封包遺失率要求較高的承載，也會在RLC協定內運用確認模式（acknowledge mode），來確保無線介面之封包資料成功的傳送。此外，一個EPS的承載可跨越多個網路節點的界面，包括：P-GW與S-GW之間的S5/S8介面，S-GW與eNodeB之間的S1介面，以及eNodeB和用戶設備之間的無線介面LTE-Uu。

為了提供服務承載不同等級的網路服務品質需求，每個EPS服務承載的網路服務品質須分別獨立的處理，同時藉由封包過濾機制，將用戶的資料封包篩選到適當的EPS承載。

資料封包篩選到不同承載是基於訊務量範本（TFT）的機制。TFT運用IP標頭資訊，例如來源和目標IP位址和傳輸控制協定（TCP）的埠口位址，過濾來自網路的VOIP資料封包，將封包搭配相應的網路服務品質後送到各自的承載。其中，上行鏈路的TFT（UL TFT）機制是在用戶設備端進行過濾的處理，下行鏈路的TFT（DL TFT）則是在P-GW節點進行，如圖2-16所示。

圖2-16　服務承載之QoS分類流程

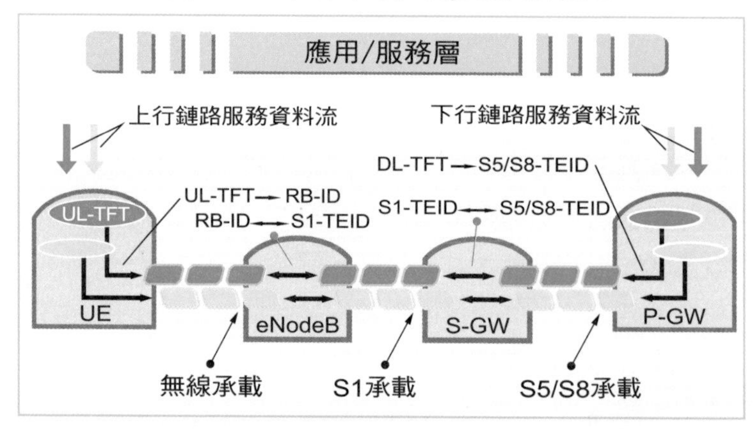

資料來源：3GPP

在服務承載架構中，如圖2-17所示，每一個EPS承載會對應到較下層的承載，每個承載也都有自己的標識。同時，每個網路節點都必須保持對承載的追蹤。例如，一個S5/S8承載，負責P-GW與S-GW間EPS承載的封包傳輸。在S-GW中儲存著S1承載與S5/S8承載之間的一對一的對應關係，承載也被標識上GTP通道識別碼（ID）橫跨於兩個介面之間。而一個S1的承載，負責S-GW與eNodeB間之EPS承載的封包傳輸，無線承載則負責一個用戶設備和eNodeB之間的傳輸。每個基地臺皆存有無線承載識別碼（ID）和S1承載之間一對一的對應關係。

圖2-17 服務承載之架構

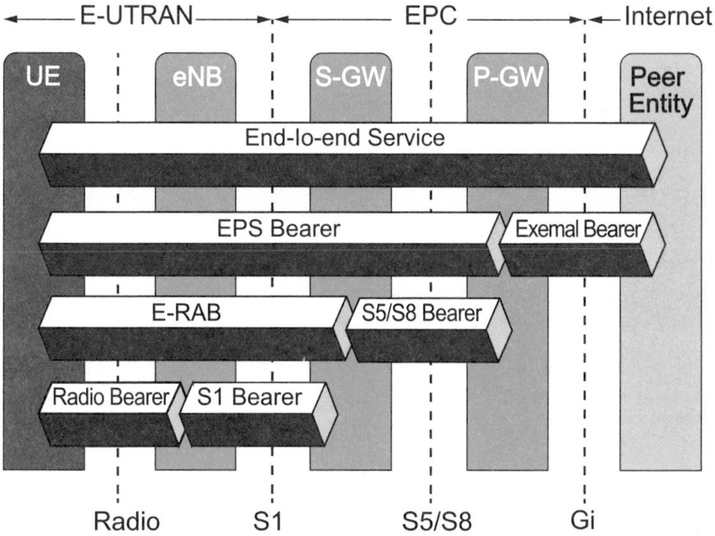

資料來源：3GPP

相關服務的運作模式

一、網路附著（attach）程序

用戶設備用戶必須先進行登入網路的註冊程序後，才能收到來自於網路的服務。這個註冊上網的動作，稱為網路的附著（Network Attachment）。4G行動通信系統為了讓用戶隨時有IP連線的體驗，在用戶進行網路附著

的期間，EPS將啟用一個預設的EPS承載提供用戶設備使用。除了預設承載外，在進行網路附著程序時也可能會連帶引起一個或多個的專用承載啟用程序，建立專用EPS服務承載予用戶設備使用。

用戶的註冊過程如下說明，一旦用戶開機後，無線網路首先會進行隨機接取（Random Access）的程序，以取得上行的資源及eNodeB的同步時間，接著核心網路會針對用戶進行身分鑑定、驗證、加密、用戶設備位置更新及預設承載建立等程序，當用戶設備完成註冊程序後即登入網路。此外，用戶設備可以請求一個IP地址的分配，如圖2-18所示。

二、服務承載的建立流程

當一個用戶設備完成附著連接（attached）到電信網路後，P-GW分配一個IP位址給用戶設備並至少建立一個承載，稱為預設承載（default bearer），提供用戶始終有IP連接的使用體驗。預設承載初始之網路服務品質設定，是由行動管理實體根據HSS檢索用戶基本註冊資訊所分配的，當用戶設備與策略控制器（Policy Charging Rule Function, PCRF）互動或根據本地配置後，PCRF會依服務承載的性質彈性的設定網路服務品質，預設承載是屬非GBR承載。除了預設承載外，其他的承載稱為專用承載（dedicated bearer），專用承載可在用戶設備網路附著後之任何時間建立服務的承載。其中，專用承

圖2-18 UE用戶網路附著程序

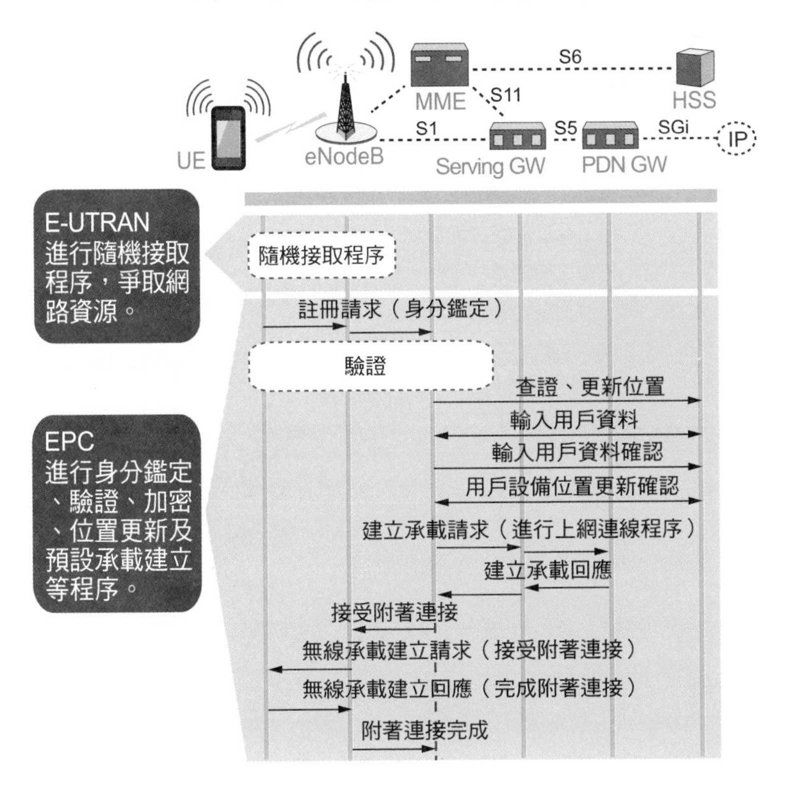

資料來源：TTC

載可以是GBR承載或非GBR承載，專用承載的網路服務品質參數經PCRF決定後，由P-GW接收轉發至S-GW，再由S11介面轉至行動管理實體節點後透明傳送到E-UTRAN。典型的點對點（end to end）承載之建立過程，是跨越整個EPS的網路節點，如圖2-19所示。

圖2-19 承載的建立流程圖

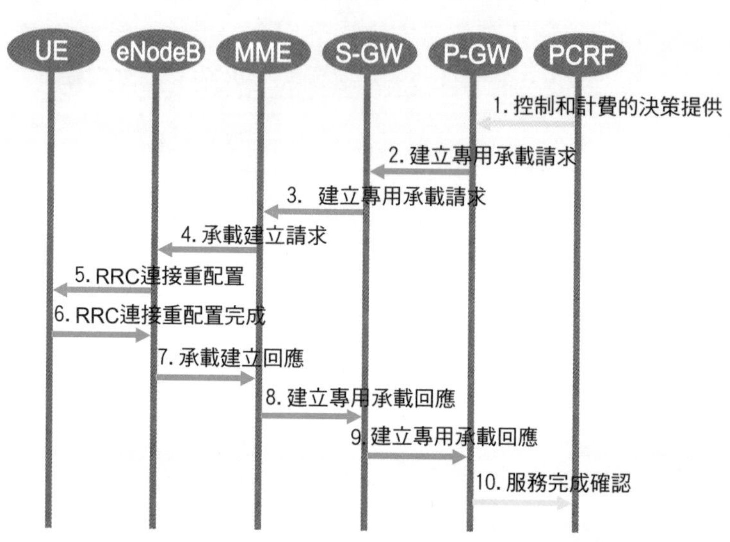

資料來源：3GPP

當PCRF發送一個控制和計費（Policy Control and Charging, PCC）的決策提供之訊息，指示服務承載所需的網路服務品質送到P-GW，P-GW運用此網路服務品質策略，分配承載所需的網路服務品質參數後，並送出建立專用承載請求（Create Dedicated Bearer Request）的訊息，訊息內容包括：網路服務品質參數以及用戶設備到S-GW之間的UL TFT設定。一旦S-GW收到建立專用承載請求的訊息後，包括承載的網路服務品質，UL TFT和S1承載的ID等資訊後，將再轉發到行動管理實體端。

隨後行動管理實體建立一組會話管理配置的訊息，包括：UL TFT和EPS承載的識別以及承載建立請求的訊息，發送到eNodeB。由於會話管理配置是屬NAS的訊息，eNodeB便透明的將它發送到用戶設備中。承載的建立請求，還提供了承載到eNodeB的網路服務品質，這個訊息被eNodeB用來進行呼叫允入控制及確保排序調度必要的網路服務品質。最後，eNodeB將EPS承載的網路服務品質、無線承載的網路服務品質及RRC連接重配置（RRC Connection Reconfiguration）等訊息傳送到用戶設備，建立一個無線承載。

2-3 4G行動通信系統IMT-Advanced特點與技術需求

國際電信聯盟無線電通信部門於2008年進行第四代行動通信系統候選技術提案時，提出三份重要的技術規範（包括：ITU-R M.2133 有關IMT-Advanced的要求、評估準則和候選技術提交範本，ITU-R M.2134有關IMT-Advanced的技術要求以及ITU-R M.2135有關IMT-Advanced的評估準則和方法）作爲第四代行動通信系統技術之需求，並就頻譜效率、工作頻寬、延遲時間及移動性等主要關鍵性能，提出IMT-Advanced基本的技術需求。

4G技術標準一：頻譜效率（spectral efficiency）

頻譜效率是指在數位通信系統中的頻寬限制下，可以傳送的資料總量。針對頻譜效率，IMT-Advanced分別定義了最高頻譜效率（Peak spectral efficiency）、細胞頻譜效率（Cell spectral efficiency）、細胞邊緣用戶頻譜效率（Cell edge user spectral efficiency）等需求。

一、最高頻譜效率（Peak spectral efficiency）

最高頻譜效率是指理論上——假設在無錯誤條件下——將所有無線電資源分配給同一個使用者設備所產生的最高資料傳輸速率。

IMT-Advanced所定義的最高頻譜效率是指在下行鏈路中，若使用4×4 MIMO的天線技術下，須達到15bps/Hz的頻譜效率。在上行鏈路中，若使用2×4 MIMO的天線技術下，須達到6.75bps/Hz的頻譜效率。

而3GPP所定義的最高頻譜效率則更優於IMT-Advanced的基本要求。3GPP所定義的最高頻譜效率是指在下行鏈路中，若使用8×8 MIMO的天線技術下，須達到30bps/Hz的頻譜效率。在上行鏈路中，若使用4×4 MIMO的天線技術下，須達到15bps/Hz的頻譜效率，相較於3G HSDPA/HSUPA（下行：2.88bps/Hz，上行：1.15bps/Hz），4G也大幅的提升了頻譜效率，如表2-3所示。

表2-3 3G/4G頻譜效率比較

系統		3G HSDPA/HSUPA	4G LTE-Advanced
最高傳輸速率	下行	14.4 Mbps	1 Gbps
	上行	5.76 Mbps	500 Mbps
頻寬		5MHz	最高 100MHz
最高頻譜效率	下行	2.88 bps/Hz	30 bps/Hz
	上行	1.15 bps/Hz	15 bps/Hz

資料來源：TTC

二、細胞頻譜效率（Cell spectral efficiency）

細胞頻譜效率表示一個基站細胞在有限的通道頻寬下，經一段固定的時間內所接收到正確的位元數。國際電信聯盟規範及定義了四種測試環境與需求，包括（一）室內環境：針對固定的鬧區和辦公室等靜態環境或行人等用戶；（二）小型基地臺環境：針對用戶密度較高城市區域之行人用戶和慢速行車移動的用戶；（三）城市基本覆蓋環境：針對行人與快速車輛行駛用戶的連續覆蓋；（四）高速移動環境：針對高速行駛的車輛和火車的環境。假設下行使用4×2的天線架構與上行使用2×4天線架構的環境下，細胞頻譜效率需求如表2-4所示。

表2-4　特定天線架構下，細胞頻譜效率需求

測試環境	Downlink（bit/s/Hz/cell）	Uplink（bit/s/Hz/cell）
室內環境	3	2.25
小型基地臺環境	2.6	1.80
城市基本覆蓋環境	2.2	1.4
高速移動環境	1.1	0.7

資料來源：ITU-R M.2134

三、細胞邊緣用戶頻譜效率（Cell edge user spectral efficiency）

在蜂巢式無線通信系統中，位於細細胞邊緣（cell edge）的信號，常受到來自於鄰近細胞的干擾而導致系統容量降

低。爲改善細胞邊界的干擾與傳輸性能，4G行動通信系統「多點協調傳輸與接收」（CoMP）機制，利用各細胞基站間的動態協調（dynamic coordination）與合作技術，將來自其他細胞的干擾轉化爲可用的信號，並透過多個傳送與接收點完成對行動終端的訊息收發，提升系統之高速資料傳輸的涵蓋範圍及頻譜使用效益、改善細胞邊緣的呑吐量（throughput）以及增加系統在高負載（high load）及低負載（low load）情況下之呑吐量，並可運用低成本的無線中繼（Relay）架構進行網路的布建，以進一步改善訊號涵蓋、干擾與系統負載的問題。

IMT-Advanced訂定在下行使用4×2的天線架構、上行使用2×4天線架構的環境下，基地臺細胞邊緣頻譜效率的需求，如表2-5所示。

表2-5 特定天線架構下，
IMT-Advanced基地臺細胞邊緣頻譜效率的需求

測試環境	Downlink（bit/s/Hz/cell）	Uplink（bit/s/Hz/cell）
室內環境	0.1	0.07
小型基地臺環境	0.075	0.05
城市基本覆蓋環境	0.06	0.03
高速移動環境	0.04	0.015

資料來源：ITU-R M.2134

4G創新關鍵技術：
多點協調傳輸與接收（CoMP）技術

不同類型的「多點協調」（CoMP）具有不同的運作模式，下行傳送時主要分為「聯合處理」（Joint Processing, JP）與「協調排序」（Coordinated Scheduling, CS）/「協調波束成形」（Coordinated Beamforming, CB）等二種模式，如表2-6所示。

表2-6 CoMP下行傳輸的運作模式

CoMP下行傳輸		
聯合處理（Joint Processing）		協調排序（CS）/協調波束成形（CB）
聯合傳輸（Joint transmission）	動態細胞選擇（dynamic cell selection）	
資料允許在每個傳輸點上傳送。		資料僅允許在一個服務細胞上傳送。
資料可由多個傳輸點同時傳送。	單一時間僅由一個傳輸點傳送資料。	資料是由一個傳輸點傳送，但用戶的排序/波束成形之決定是在細胞之間協調後所作。

資料來源： 3GPP TR 36.814

在「聯合處理」（JP）的情況下，允許每個傳輸點都可將資料傳送到單一的行動終端（UE），用戶資料可採「聯合傳輸」（joint transmission）或「動態細胞選擇」（dynamic cell selection）等二種變化的方式傳送，如圖2-20所示。

圖2-20 動態細胞選擇與聯合傳輸傳送方式示意圖

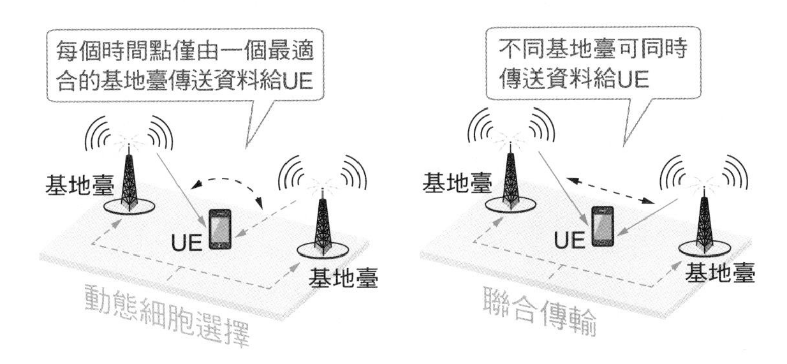

資料來源：Ericsson

在「協調排序／協調波束成形」（CS/CB） 的情況下，資料始終是由一個服務細胞（service cell）所傳送，且用戶資料在傳輸時的排序與波束成形設定，是在細胞之間協調後所作的決定，如圖2-21所示。

此外，為了支援CoMP下行傳送模式，終端設備（UE）也必須回傳（feedback）量測資訊到基地臺，回傳的訊息包括：詳細的無線通道特性、雜訊與干擾測量等。

圖2-21 協調排序與協調波束成形傳送方式示意圖

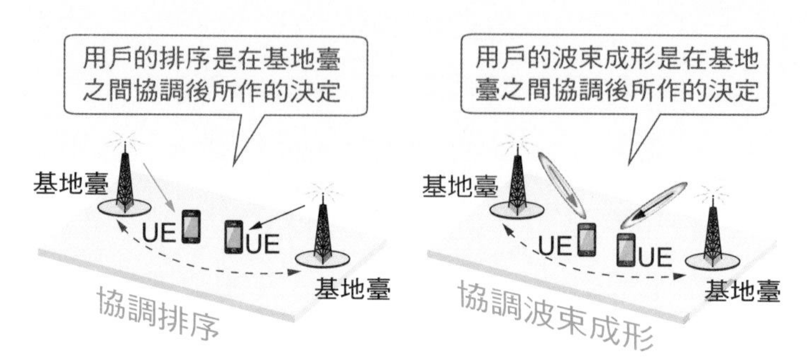

資料來源：Ericsson

在CoMP上行（接收）方向，用戶資料經由多點基地臺（multiple eNodeBs）進行聯合接收（Joint Reception, JR）與訊息合併以增加上行的傳輸效率，並透過協調排序來抑制細胞間的干擾，改善細胞邊緣的資料吞吐量，如圖2-22所示。值得特別注意的是，由於多點協調會有大量的資訊交換，因此多點基地臺後端的**中繼傳輸網路**（backhaul）需具有高容量的能力與嚴格的低延遲要求。

中繼傳輸網路

Backhaul。指的是將本地網路所產生的訊號流量，傳送連回至電信網路的節點，並進一步與電信核心網路連結傳輸，舉例而言，行動基地臺的Backhaul網路，即是將基地臺與行動終端裝置之間所進行發生的行動訊號流量傳送至無線節點，進而匯集傳輸至電信核心網路。

一般而言，CoMP技術的應用部署場景依節點之間的關係，大略可分為基站內多點協調（Intra-site CoMP）、基站外多點協調（Inter-site CoMP）以及異質（heterogeneous）網路布建等方式，如圖2-23所示。

圖2-22 聯合接收（Joint Reception）示意圖

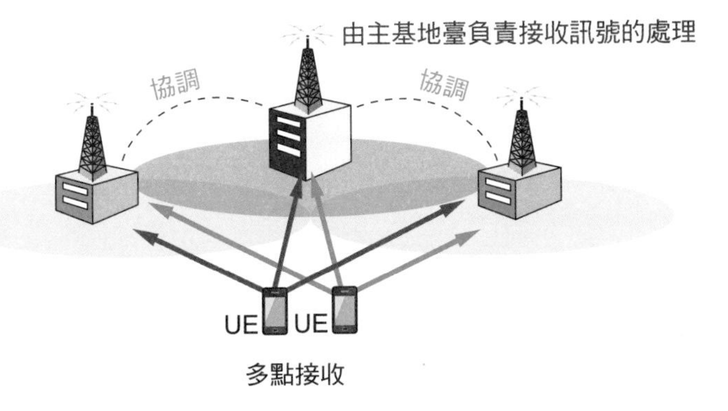

資料來源：3GPP

圖2-23 CoMP技術的應用場景

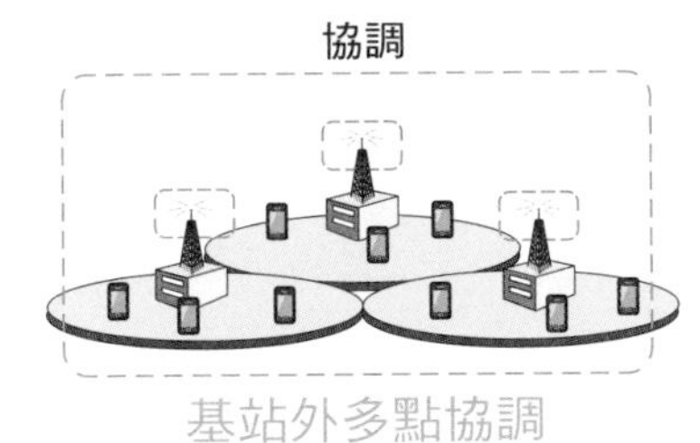

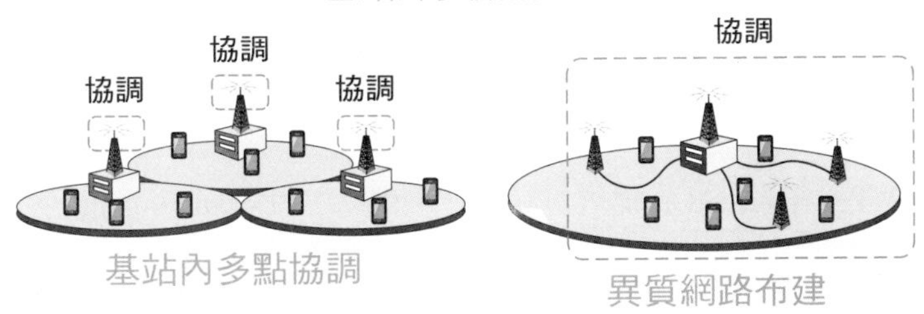

資料來源：Ericsson

基站內多點協調是在相同基地臺內的不同細胞間進行協調傳輸，基站外多點協調是在不同的基地臺間進行協調傳輸，對於中繼傳輸網路與時延也有較高的要求。異質網路的方式，則是在巨型細胞（macro cell）的服務涵蓋範圍內，針對用戶密集區或特定熱區等，另以光纖連接多個小功率的遠端無線接點（Remote Radio Header, RRH）提供信號的傳送與接收，並與大細胞進行協調傳輸。其中小功率遠端無線接點RRH可各自擁有或使用相同的細胞辨識碼（Cell-ID）。

綜合言之，CoMP是一種運用多點基地臺進行訊號的協調與組合，使行動用戶能享有一致性的性能與品質，不論用戶是否本身位置接近LTE基地臺的中心或在基站細胞邊緣，都能接取和分享影音照片及其他高頻寬需求的服務。同時，並能極大化現行既有的基礎網路設施，在不需要增加額外的天線設備情況下，即可獲得較高的傳輸速率。

4G技術標準二：工作頻寬（Bandwidth）

IMT-Advanced系統可沿用IMT-2000/IMT-Advanced的各種頻段，並能支援上下行頻寬以對稱（Symmetric）與非對稱（Asymmetric）的方式配置。

由於較大的頻寬能夠提供更大的傳輸速率，4G行動通信系統不僅支援1.4MHz、3MHz、5MHz、10MHz、15MHz、20MHz和40MHz等具延展性的不同載波頻寬（scalable bandwidth），提供不同頻寬的彈性配置與運作，以及支援單一載波或多載波的使用，更可運用載波聚合（CA）的技術，集合多個載波通道形成一更大的頻寬載波，可擴展達到100MHz的頻寬範圍（下行最大1500Mbps／上行最大675Mbps），滿足高寬頻的需求。

因此，3GPP在TR36.913 Release10的技術規範中，針對4G行動通信系統的最高傳輸速率，要求由基地臺至手機之下行鏈路的傳輸速率在高速移動狀態下須達100Mbps，若在低速移動狀態時則須達到1Gbps的傳輸速率。至於由手機到基地臺之上行鏈路的傳輸速率須達到500Mbps。2G、3G與4G系統的傳輸速率比較如表2-7所示。

表2-7 2G/3G/4G傳輸速率的演進

系統		下行速率	上行速率	接取技術
2G（GSM/EDGE）	GSM/GPRS	56kbps	144kbps	TDMA/FDMA
	EDGE	118kbps	236kbps	
	Enhanced EDGE	1.3Mbps	653kbps	
3G（UMTS）	WCDMA	2Mbps	384kbps	CDMA
	HSDPA	14.4Mbps	384kbps	
	HSDPA/HSUPA	14.4Mbps	5.76Mbps	
	HSPA+	28/42Mbps	11.5Mbps	
4G（LTE）	LTE	300Mbps	75Mbps	OFDMA
	LTE-Advanced	1000Mbps	500Mbps	

4G創新關鍵技術：載波聚合（CA）技術

為滿足第四代行動通信系統最大傳輸速率的需求，ITU-R在 M.2134的技術規範中，要求IMT-Advanced的頻寬可由單個或多個RF載波組成，並可延展支援至40MHz，同時也鼓勵擴展更寬的頻寬（如高達100MHz），以滿足未來頻寬的需求。

由於目前世界各國4G行動通信系統的頻譜使用規劃不一，大部分的電信業者也擁有不同頻段的頻率區塊，要在一個國家裡找到一段連續完整的40MHz以上頻譜的頻段實屬困難。因此4G行動通信系統允許透過載波聚合(Carrier Aggregation, CA)的技術，以連續或不連續的方式將20MHz的成分載波（Carrier Component, CC）連結起來，達到40MHz以上的頻寬，最多可使用五個20MHz的成分載波聚合成為100MHz的頻寬，如圖2-24所示。

為獲取高彈性的頻寬使用，4G行動通信系統不僅支援相鄰的（Contiguous）及非相鄰（Non-Contiguous）的載波聚合，同時也支援上下行非對稱的分頻多工FDD（Frequency Division Duplexing, FDD）的載波聚合。目前載波聚合有三種的組合方式，包括：不同頻段載波聚合、同頻段相鄰載波聚合以及同頻段不相鄰載波聚合，如圖2-25所示。

圖2-24 載波聚合（Carrier Aggregation）示意圖

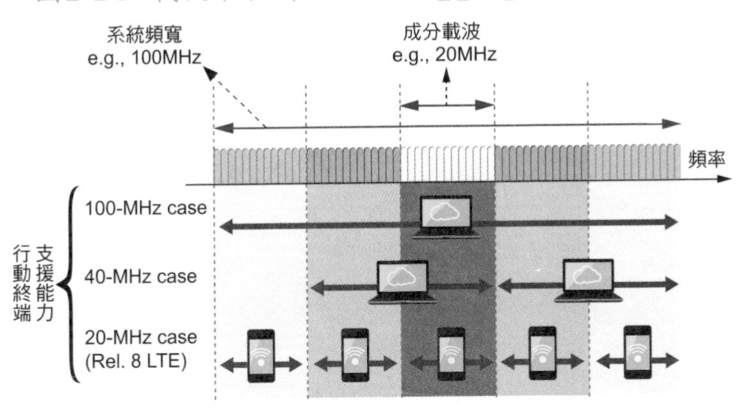

資料來源：3GPP

圖2-25 載波聚合之組合型態

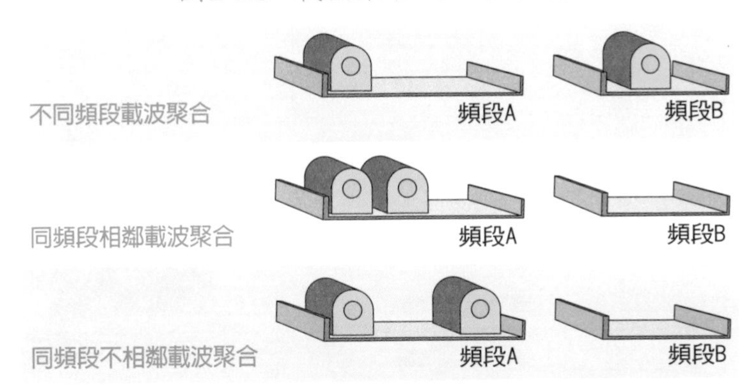

資料來源：Ericsson

由於不同的載波可擁有不同的發射功率、天線方向，這代表用戶將隨著地理位置之變化而對不同載波有不同的訊號強度，因此各載波在實體層（PHY）之接取是分別同時獨立運作且有各自的編碼、調變，封包也則會在媒體控制層（MAC）進行匯流並決定重傳與否，如圖2-26所示。

圖2-26　下行相鄰的載波配置示意圖

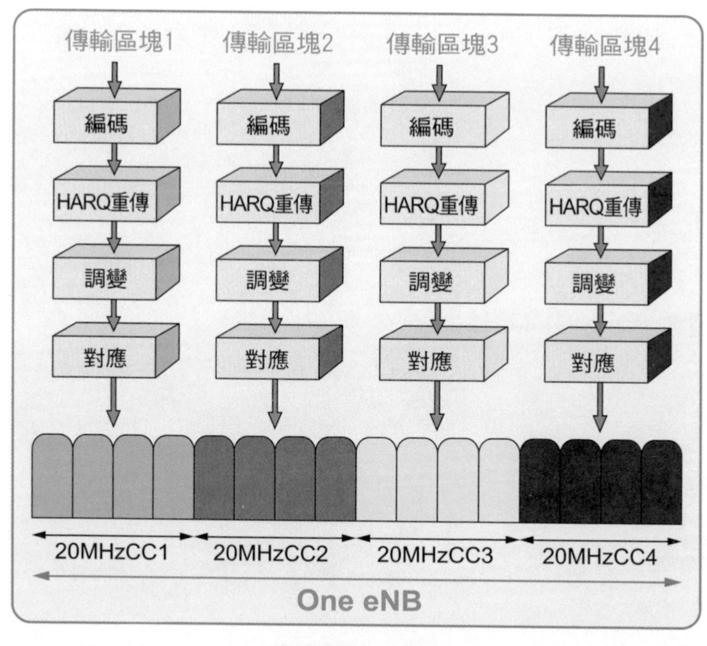

資料來源：Agilent

此外，每一個成分載波也必須向下相容於3GPP LTE R8的頻段規定，使舊系統中沒有載波聚合功能的終端設備，仍可在新系統覆蓋區域中使用20MHz的載波頻寬。

4G技術標準三：延遲時間（Latency）

由於4G行動通信系統對核心網路節點採取扁平化的設計，減少了網路的實體節點，不僅精簡投資成本及營運費用，更降低了網路控制訊號及用戶資料傳送的延遲時間。

IMT-Advanced針對控制平面由不同連接模式的狀態轉換，例如，從閒置轉換至啓動模式的延遲時間要求，須小於100ms；針對用戶平面，則須小於10ms等基本需求。

而3GPP對於延遲時間的要求比IMT-Advanced更嚴格；在其技術規範TR36.913 Release 10中定義：用戶設備由閒置模式（ECM-Idle）轉移至連線模式（ECM-Connected）時，系統之控制平面的延遲時間應低於50ms。

另外，爲了讓用戶設備能延長待機時間與省電的目的，允許使用者在沒有接收資料時（例如瀏覽網頁，資料已先下載完成），透過非連續接收（Discontinuous Reception, DRX）機制，關閉無線模組進入省電模式的休眠（Dormant）狀態。一旦用戶設備發現有資料要接收時，即轉換到啓動（Active）狀態以接收資料。當用戶設備由休眠狀態轉換至啓動狀態的延遲時間也須低於10ms。至於用戶平面的傳送延遲時間，3GPP的規範要求須低於10ms。相較於2G約650ms、3G約80ms的延遲時間，4G LTE低延遲時間特性將大幅改善用戶的使用體驗，如圖2-27所示。

圖2-27 2G/3G/4G系統的延遲時間比較

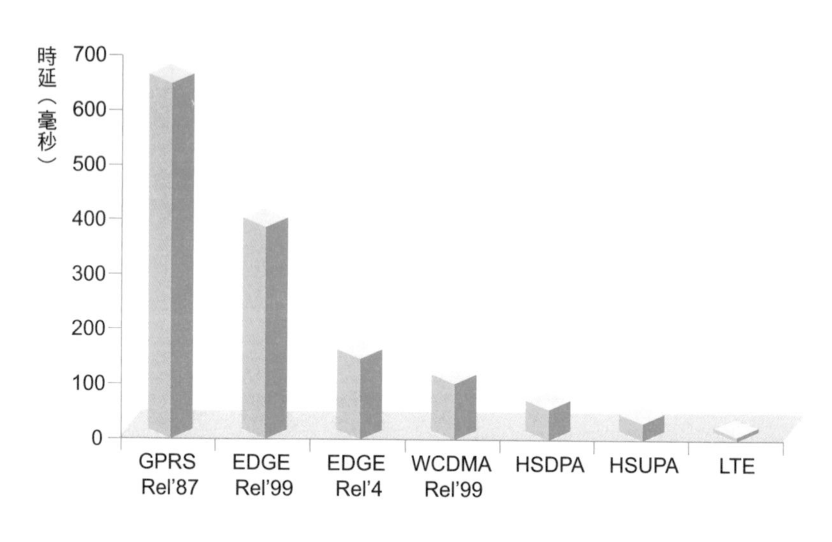

資料來源：Ericsson

4G技術標準四：移動性（Mobility）

IMT-Advanced將用戶的移動性進行如下的分類與定義：

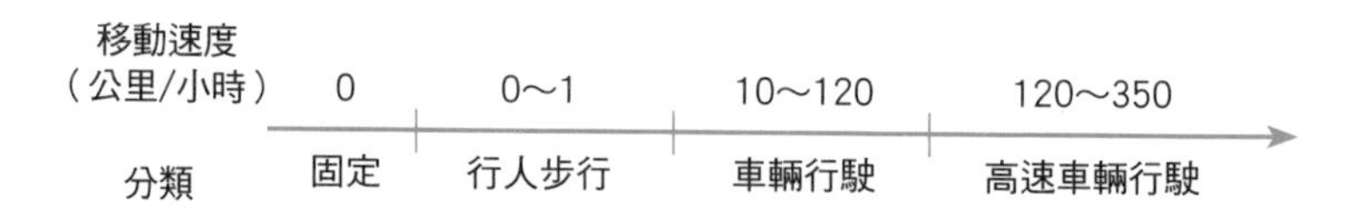

當用戶在上述環境的最大速度移動時，並以ITU-R M.2135所規範的評估模型進行系統模擬，假設下行使用4×2的天線架構與上行使用2×4天線架構的環境下，話務通道的傳輸速率應達到如表2-8的要求。

表2-8 特定天線架構下，話務通道的傳輸速率

測試環境	Bbit/s/Hz	Speed（km/h）
室內環境	1.0	10
小型基地臺環境	0.75	30
城市基本覆蓋環境	0.55	120
高速移動環境	0.25	350

資料來源：ITU-R M.2134

此外，根據ITU-R M.1645規範，當用戶處於低速移動狀態時，可提供1Gbps的傳輸速率。當用戶處於高速移動狀態時，則可提供100Mbps的傳輸速率。

針對移動性及涵蓋範圍的改善，3GPP在TR25.913的規範中，要求針對移動速率在0～15km/hr的用戶須有最佳的性能。對移動速率在15～120km/hr的用戶系統應維持高性能，同時系統亦須支援移動速率介於120～350km/hr高速移動的使用者。

另一方面，3GPP也要求系統在基地臺電波涵蓋的5km範圍內，須提供用戶有最佳的傳輸速率、頻譜效率及移動性。在基地臺涵蓋的30km範圍內，雖傳輸速率及頻譜效率會稍降低，但系統仍須提供用戶最佳的移動性。而在基地臺涵蓋的100km範圍內，系統的傳輸速率、頻譜效率及移動性，應達用戶可接受的範圍。

相關服務技術

LTE採取全IP化（All IP）的網路架構與封包交換（PS）機制，提供更大的系統容量與更低的延遲的行動寬頻通信服務。但目前電信業者的主要營收仍來自於使用傳統電路交換（CS）的語音及簡訊服務。由於EPS不像2G和3G系統使用傳統的電路交換機制來處理語音服務，因此，目前電信產業組織發展許多不同方案技術來支援LTE使用語音通話、簡訊及視訊電話等服務。

一、語音通話服務（Voice）

由於業界預計4G網路會以點狀的布建方式，作為行動網路系統容量的補強。在4G網路引入初期，無線訊號的涵蓋會較小於舊有2G/3G電路交換式的網路，所以當LTE的手機終端有語音通話的需求時，系統可利用如電路交換回退方案（CSFB）之類的程序，將通話暫時回退至2G/3G電路交換式的網路，進行語音傳遞的服務。目前業界所討論的幾個在LTE網路上提供語音服務的主要解決方案，包括：

(1) 電路交換回退方案（Circuit Switched Fallback, CSFB），允許具備LTE網路能力的手機終端在處理語音電話時，將提供語音服務的接取網路自LTE網路回退至2G/3G電路交換式網路的一種機制。

(2) 以IMS為基礎的VoLTE方案（Voice over LTE），是以3GPP IMS的標準與LTE架構，透過IMS網路傳遞語音、即時視訊、文字、檔案交換、影音串流等整合式多媒體通信服務。為避免用戶因脫離LTE網路涵蓋範圍進入2G/3G電路交換式網路時產生斷訊（drop call），在3GPP TR 36.814的規範中，定義了單一射頻通話連續（Single Radio Voice Call Continuity，SRVCC）程序，也就是在LTE核心網路的行動管理實體（MME）會向2G/3G核心網路的交換機（MSC）伺服器送出交遞請求，在得到應允後，IP多媒體子系統（IMS）就會將PS的語音訊號轉由2G/3G網路的電路交換線路接手繼續提供語音服務。

(3) LTE語音通用接入方案（Voice over LTE via Generic Access，VoLGA），主要是在EPC與2G/3G網路的MSC伺服器之間加入新元件「VoLGA接取網路控制器」（VoLGA Access Network Controller，VANC）。VANC元件可將LTE內部的數據封包轉換成電路交換的傳輸機制。

(4) OTT方案（Over The Top，OTT），主要是透過無線寬頻網際網路的IP連結，傳送VoIP語音，與Skype或Google Talk等模式類似。

二、簡訊服務（SMS）

LTE網路布建初期，即設定當LTE手機終端有簡訊服務使用需求時，系統可利用SMS over SGs的技術，將簡訊透過行動管理實體和MSC之間的SGs介面，由2G/3G的電路交換網路進行簡訊傳遞服務。SG是一種介於MME與MSC的新介面，手機終端的簡訊需求可透過SGs傳送到MME，再以NAS處理傳送至目的終端。因此SGs可說是基於電路交換的架構，並透過LTE無線網路來傳送簡訊（SMS）的一種機制，此機制屬於從CS Fallback獨立分出的服務，因此不會觸發CS Fallback的機制，避免系統退回到3G的UTRAN或2G的GERAN接取網路中，故4G和既存的2G/3G網路不需要有重疊的涵蓋區域來支援SMS over SGs。

2-4 4G創新關鍵技術

第四代行動通信系統為支援各種複雜的應用服務，在有限的頻寬及有限制最高傳輸功率的情形下，不斷追求提高無線接取能力及提供更優異之頻譜利用效率及傳輸的吞吐量（throughput）提昇，也因此開發了許多創新的關鍵技術，來提高接收訊號的強度及降低干擾訊號，增加訊雜比（Signal to Interference plus Noise Ratio，SINR），藉以提升頻譜的使用效率及系統整體的通信容量。這些改善系統效能的關鍵技術，包括：

一、多重輸入多重輸出（MIMO）

二、載波聚合（CA）

三、無線中繼（relay）

四、多點協調傳輸與接收（CoMP）

五、異質網路（Hetnet）應用

其中，多重輸入多重輸出（MIMO）技術的基本概念、載波聚合（CA）技術與多點協調傳輸與接收（CoMP）技術等，已在前面章節介紹，本章節僅就MIMO相關技術、無線中繼（relay）技術及異質網路（Hetnet）補充介紹。

多重輸入多重輸出（MIMO）技術

MIMO的核心概念為利用多根發射天線與多根接收天線所提供之空間自由度提升傳輸速率與改善通信品質，為了達到對抗訊號衰減或達到增加系統容量的目的，MIMO技術主要有空間多工（Spatial Multiplexing）、空間分集（Spatial

Diversity）和波束成形（Beamforming）等三種技術用於4G行動通信系統。如圖2-28所示。

圖2-28 多重輸入多重輸出（MIMO）主要的技術型態

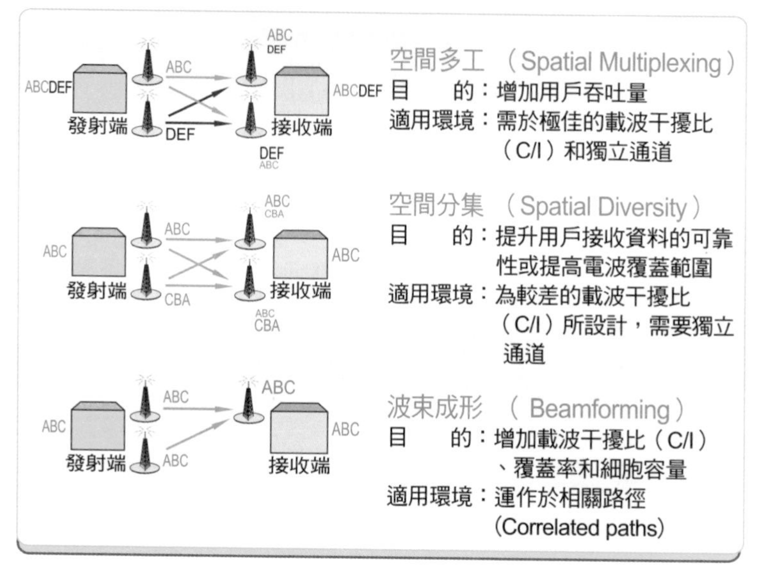

資料來源：Quintel；TTC整理

一、空間多工（Spatial Multiplexing）

空間多工的原理是在發射端利用多根天線傳送不同資料序列，並在接收端利用多根天線的空間自由度將資料序列分別解出。經由此一程序，在發射端與接收端之間彷彿形成一組虛擬的平行空間通道，可在同一時間、同一頻段，以同一功率傳送多個資料序列。使整體系統的有效資料傳輸率可在不增加任何通信資源的前提下提升數倍。

此外，空間多工又可分為開迴路（Open-loop）與閉迴路（Closed-Loop）兩種，前者的預編碼計算無需考量通道狀況，後者需要。因此，開迴路模式在傳輸資料時，不需等接收端告知傳送端如何選擇MIMO技術預編碼的字碼（Codeword）即可進行預編碼計算並進行傳送，因此可用於移動較快速的動態用戶設備。閉迴路模式則可視為一在相對靜態的狀況下建立穩定傳輸模式的方法，用戶端須估測無線通道資訊，並藉由碼簿（Codebook-Based）回授的方式，將預編碼矩陣相關資訊回報所屬基地臺。其回報內容包含決定通道容量的次序指示（Rank Indication, RI）、預編碼矩陣指示（Precoding Matrix Indicator, PMI）和通道品質指示（Channel Quality Indication, CQI），CQI可以讓所屬基地臺決定用戶端通道編碼（Channel Coding）和調變方式，此模式適用於靜態的用戶設備。簡言之，閉迴路需等待傳送與接收兩端確認無線通道狀況並溝通編碼方式後才啓動傳輸，開迴路則不需要。

由於空間多工允許不同的資料串流可同時傳送在相同下行的資源區塊（resource block），因此資料串流可屬於單一用戶（Single User MIMO, SU-MIMO）以增加單一用戶資料傳輸的速率，也可分屬不同用戶（Multi User MIMO, MU-MIMO）藉以提升系統整體的容量，如圖2-29所示。

圖2-29　空間多工示意圖

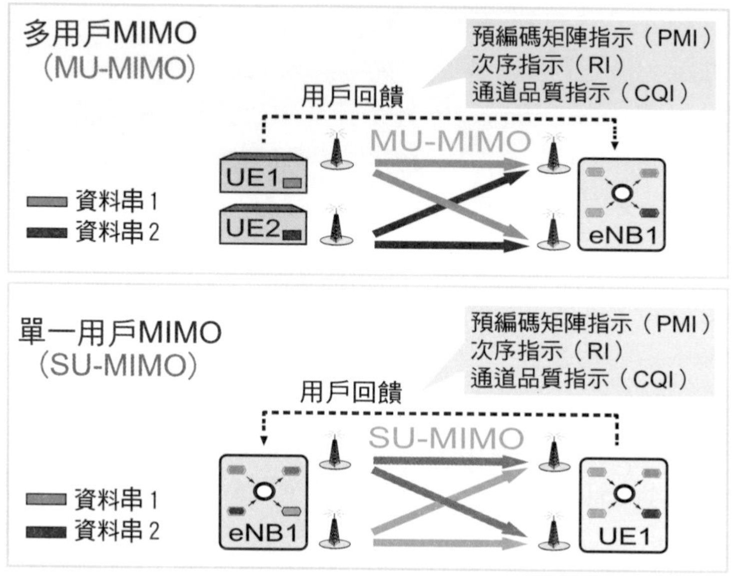

資料來源：R&S；TTC整理

二、空間分集（Spatial Diversity）

由於無線通道中的訊號功率會快速地變動，當訊號功率大幅下降時，通道就處於衰減的狀態，空間分集的原理是將相同的資料串，利用發射或接收端的多根天線所提供的多重傳輸途徑來對抗通道衰落（fading）的影響，進而改善系統的效能。空間分集的技術可應用於發射天線端或接收天線端，在接收天線端的分集可運用在SIMO的系統，而發射天線端的分集可運用在MISO的系統中。爲了避免發生在每根天線傳送路徑上的嚴重訊號衰落，系統會先將輸入的資料進行預編碼（Precoding）動作，其中針對使用兩根天線的預編碼採用的是空頻區塊碼（Space-Frequency Block Code，SFBC）方式，而針對四根天線的預編碼，則是結合SFBC和頻率交換傳送分集（Frequency-Switched Transmit Diversity，FSTD）的方式來實現MIMO技術。在完成預編碼後，資料將映射到對應的天線上發送，透過多個天線發射獨立資料訊號，增加資料傳輸的可靠性，如圖2-30所示。

圖2-30 空間分集示意圖

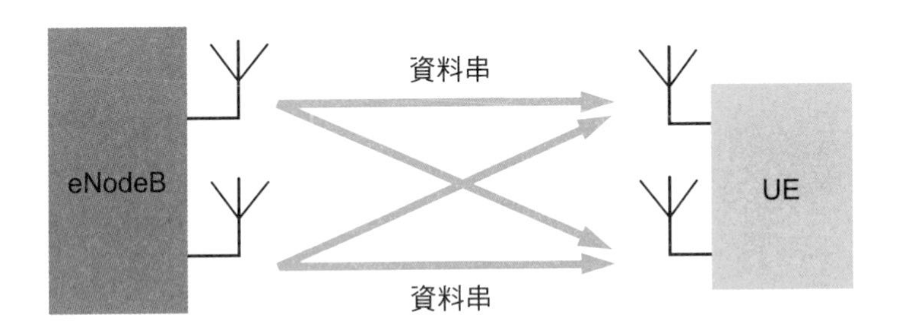

資料來源：Agilent

三、波束成形（Beamforming）

無線訊號朝外向四面八方發送時，並無特定方向。波束成形技術可運用多根天線產生一個具有指向性的波束場形（beam pattern），將能量集中、對準目標訊號接收者並同時抑制其它干擾訊號，以強化接收品質，達到增加系統容量、擴大涵蓋面和提高傳輸率的多重目的，因此也被稱為「智慧型天線」，因為透過此技術，訊號波束彷彿能聰明地追蹤移動中的接收者（即行動電話）。

波束形成可利用陣列方位角（Direction of Array，DOA）估測器來估計使用者的位置，或是使用參考訊號（Reference Signal）來執行適應性的調整法則，進而完成波束控制。其中，若使用參考訊號的方式因波束成形的傳輸模式毋須透過用戶端回傳通道資訊，故基地臺須直接透過用戶端在上行鏈結中的探測參考訊號（Sounding Reference Signal，SRS）進行通道估測（channel estimation），進而推導出下行鏈路的波束成形的權重，基地臺再藉由天線陣列合成波束，將用戶端資訊載送於與參考訊號相同的波束合成上，於專屬的資源區塊中傳送，如圖2-31所示。

圖2-31　波束成形示意圖

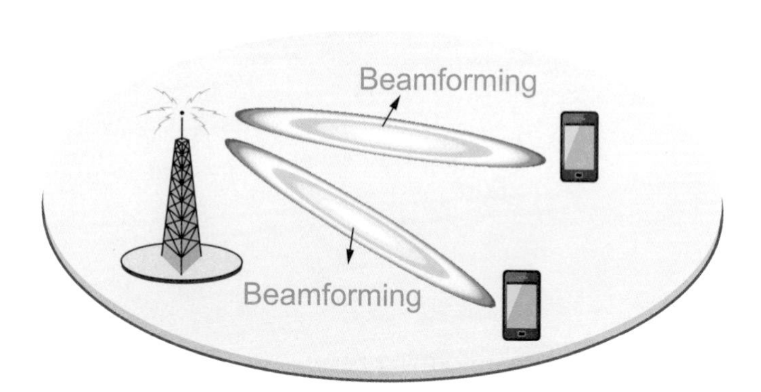

資料來源：R&S；TTC整理

波束成型技術在都市環境中較無法發揮，因爲信號容易朝建築物或移動的車輛等目標分散，訊號增益及減少干擾的效益被降低。但此項缺點卻隨著空間分集及空間多工技術在1990年代末的發展突然轉變爲優勢，這些方法利用多路徑傳播（multipath propagation）現象來增加資料吞吐量、傳送距離或減少位元錯誤率，補強了波束成型實用上的弱點。

根據3GPP TS 36.213 Release 10的技術規範，4G行動通信系統在下行鏈路的傳輸機制共定義了九種模式，並視通道的特徵運用空間分集、空間多工或波束成形等技術於傳輸模式中，如表2-9所示。這些不同的傳輸模式（Transmission Mode, TM）主要是爲了因應通道特性的變化，在不同傳輸模式中作切換，如此可最佳化傳輸效能與通信品質。

表2-9 4G行動通信系統傳輸模式

4G行動通信系統傳輸模式（3GPP R10）	
Transmission modes	Transmission schemes of PDSCH
Mode 1	Single-antenna port, antenna port 0
Mode 2	Transmit diversity
Mode 3	Open loop spatial multiplexing with cyclic delay diversity （CDD）
Mode 4	Closed loop spatial multiplexing
Mode 5	Multi-user MIMO
Mode 6	Closed loop spatial multiplexing using a single transmission layer
Mode 7	Beamforming , antenna ports 5
Mode 8	Dual-layer transmission, antenna ports 7 and 8
Mode 9	up to 8 layer transmission, antenna ports 7 to 14

資料來源：3GPP；TTC整理

隨著技術的演進，4G行動通信系統使用的MIMO多重輸入多重輸出技術，不僅具備提升訊雜比、降低通道衰落影響，及有效提升通信吞吐容量的能力外，更可在不需增加頻寬的前提下，有效降低干擾量、增加接收訊號的品質及可靠度、克服通道衰減等問題。同時，在頻譜效能與資料傳輸量方面，4G行動通信系統可提供下行鏈路8×8 MIMO（8個下載通道）以及上行鏈路4×4 MIMO（4個上傳通道）的能力，如圖2-32所示。由於MIMO系統的平行通道效應，系統容量與天線數目成線性關係增加，因此下行鏈路支援8個資料串可在同一時空內進行傳送，而上行鏈路可支援到4個資料串同時傳送，提供下行速率達1Gbps、上行達500Mbps的資料傳輸率的效能，大大提升4G行動通信系統在上、下行的頻譜效能與可傳送的最大資料量。

圖2-32 下行8×8 MIMO與上行4×4 MIMO示意圖

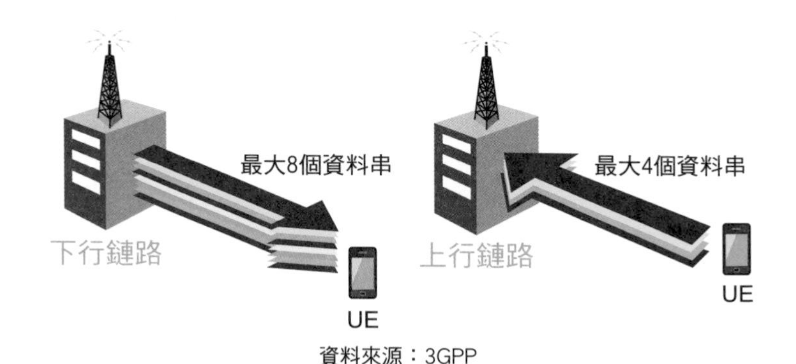

無線中繼（Relay）技術

4G行動通信系統為使網路能迅速的布建與降低建置成本，延伸高傳輸速率的覆蓋範圍或提供臨時性的基站電波覆蓋及改善基站細胞邊緣的資料吞吐量等多重目的，可採用成本較低的無線中繼架構，以改善訊號涵蓋與既有站臺服務負載，提供多樣性與彈性的網路布建，如圖2–33所示。

圖2-33 無線中繼網路架構

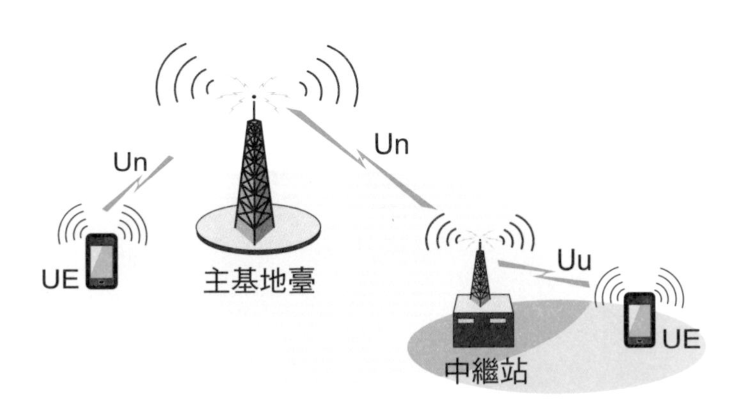

資料來源：R&S,TTC

中繼（Relay）是一項增進網路效能及涵蓋率的重要技術，主要的應用場景包括：擴大電波的涵蓋區域、提高熱區的吞吐量以及克服障礙物產生的電波遮蔽效應，如圖2–34所示。由於中繼站（Relay Node, RN）具有訊號加強之作用，可接收主要基地臺（Doner eNB, DeNB）的訊號後，再加強功率的轉發射出去，一旦用戶設備接收端因遮蔽效應或距基站較遠，收不到基地臺訊號時，就可以經由靠近自己的中繼站，收到比較強的訊號。

中繼站也有延伸覆蓋範圍的作用，電信業者在路測到的弱訊區放一個中繼站，就不需要再架設一個高成本的基地臺，就能擴大信號覆蓋範圍。另外，中繼站也適合布建在不提供有線後端傳輸的地區或有線傳輸費用昂貴的地區。

圖2-34 無線中繼站的應用場景

資料來源：Agilent

深入了解無線中繼技術

根據3GPP TR 36.814規範，中繼站透過Un的介面以無線方式與主要基地臺連結到後端的接取網路，用戶設備則是經由Uu介面與中繼站取得連接，其中Un介面在用戶平面是基於標準的PDCP，RLC，MAC通信協定，控制平面則使用RRC的通信協定。中繼站與主要基地臺（DeNB）間所使用的頻譜，可相同於手機與基地臺使用的同一頻段（Inband），或是使用不同的頻段（Outband）。從用戶設備設備對中繼站的認知觀點，若用戶設備無法察覺本身是否藉由中繼站的節點與網路進行通信，該中繼站是屬於透明性（transparent）的中繼站，若用戶設備知道自己是經由中繼站與網路進行通信，則該中繼站是屬於不透明（non-transparent）的中繼站。

3GPP Rel-10所制訂的LTE-A Relay是屬於Layer 3的中繼站，這類的中繼站除了可控制本身的細胞，也可控制一個或多個細胞，中繼站並提供每個被控制的細胞一個細胞身分（cell identity）。Layer 3中繼站的功能，也包括行動管理（mobility management），會話設置（session set-up）和交遞等功能，中繼站所扮演除了後端回傳是透過無線介面外，其功能與eNodeB幾乎一樣。由於使用相同的無線資源管理（RRM）機制，從用戶設備的角度來看，無論是接取到由中繼站控制的基站細胞或一個由正常的eNodeB所控制的細胞是沒有差別的，而由中繼站控制的細胞也支援先前LTE Rel-8的用戶設備。目前Self-backhauling（L3 relay）、「Type 1」、「Type 1a」、「Type 1b」，都是屬於這類的中繼站，如圖2-35所示。

圖2-35 3GPP定義的中繼站類型

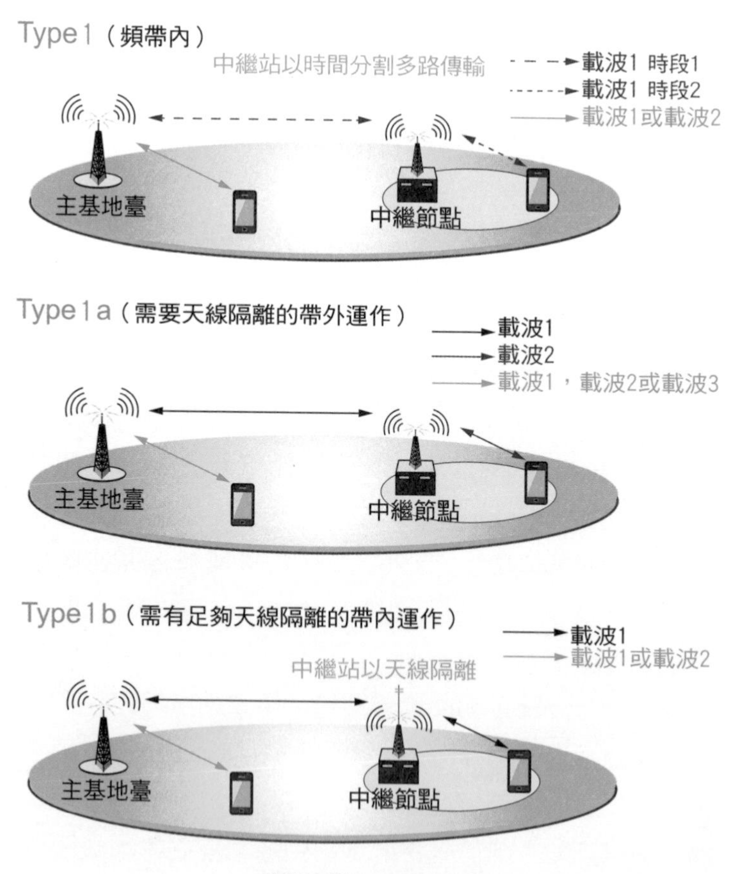

資料來源：Alcatel-Lucent

由於「Type 1」是頻帶內（inband）的中繼站，3GPP TR 36.814也針對「Type 1」的特性定義如下：

- 中繼站可控制自己的細胞，從用戶設備的角度看來，Relay轄下的細胞與Donor Cell是完全獨立的細胞。
- Relay轄下的細胞擁有自己的Cell ID，中繼站可傳送自己的同步通道與參考符號（reference symbols）等系統控制訊號。
- 在站點單一細胞運作的情況下，用戶設備可直接從中繼站收到排序資訊與HARQ回授訊息，以及將控制通道的（SR/CQI/ACK）訊息向中繼站發送。
- 對3GPP Rel-8的用戶設備而言，中繼站可視為3GPP Rel-8的基地臺（eNodeB）。
- 對LTE-Advanced 的用戶設備而言，中繼站可不同於3GPP Rel-8 eNodeB，允許提供更好性能增強。

值得特別注意的是，除了「Type 1a」中繼站是屬帶外（outband）運作，「Type 1b」是屬須有足夠天線隔離的帶內（inband）運作之外，「Type 1a」和「Type 1b」中繼站都具有「Type 1」中繼站相同的功能。「Type 1」、「Type 1a」類型的中繼站也是LTE-Advanced的一部分。

異質網路（HETNET）的應用

隨著智慧型手機和資訊設備之普及率迅速的增加，以及新興數位內容的應用服務日益普遍，使得用戶對行動寬頻的需求呈現指數型的增長。電信業者爲因應資料海嘯衝擊，便開始思考如何能有效提升網路系統容量的策略，這些策略包括了：部署先進的網路技術（如LTE）以增加頻譜效率、或取得額外的頻譜、或建設新的基站細胞、或進行細胞切割（cell splitting）更密集增加基站設備、或部署小細胞（small cell）等。然而，取得額外的頻譜資源或建設新的基站細胞不僅繁瑣也非常的昂貴，因此第四代行動通信系統的設計，不僅可支援多種跨系統的網路介接，同時在本網中也可運用不同型態的基地臺，在既有的巨型細胞層中加入低功率的節點，架構出二種不同層次的細胞結構，使各種型態的細胞基站能無縫的協調運作，稱爲異質網路（Heterogeneous network，HETNET）。

LTE中的異質網路是由傳統較大的巨型細胞（macrocells）和較小的細胞，包括微型細胞（microcells）、超微型細胞（picocells）和毫微微細胞（femtocells）所組成。

在異質網路中所部署的低功率基地臺，不僅可消除大型基地臺訊號涵蓋範圍的死角，也可用於不符巨型基站成本效益的區域。例如，電信業者常將毫微微細胞基站應用於覆蓋住宅和小型企業中，以增加熱點的容量。由於大型基地臺的設置必須經過審愼的網路規畫與成本效益評估，但微型、毫微型或中繼基地臺部署較可因時地制宜，不但提高系統整體的容量，亦提供具成本效益的覆蓋延伸，更提升熱點的資料傳輸速率，甚至也能以Wi-Fi作爲網路分流的機制。

傳統的行動通信系統以巨型細胞基站爲中心規劃，細胞邊緣與室內的覆蓋狀況並不理想，如圖2–36所示。由於巨型細胞與發射功率水準、天線場型都部署在單層（single layer）的同質網路（Homogeneous network）架構中，雖然網路的容量可藉由巨型細胞的增加而提升，但因基地臺站點的購置成本和細胞之間的干擾，使得這種方案較不具吸引力。

再者，網路的流量是呈不平均（uneven）的分布方式，且大部份的資料流量是由熱點（hotspots）上的細胞所載有，因此藉由部署在額外層的低功率基站與較低的天線高度來降低干擾，並在熱點中部署小細胞，用以增加網路的容量，將使得網路結構相對變爲階層與密集的型態。

圖2-36 以巨型細胞基站為中心的網路規劃

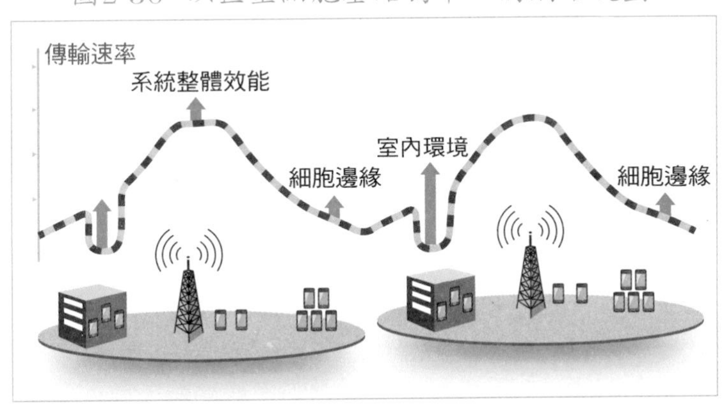

爲因應未來更高傳輸速率、覆蓋範圍和系統容量之需求，異質網路可採取一些策略方案，來提升系統整體的效能與滿足用戶的使用體驗，包括：提升現行巨型細胞性能、更綿密的巨型細胞網路以及增加小細胞，如圖2–37所示。

圖2-37 異質網路的規劃策略與效能的提升

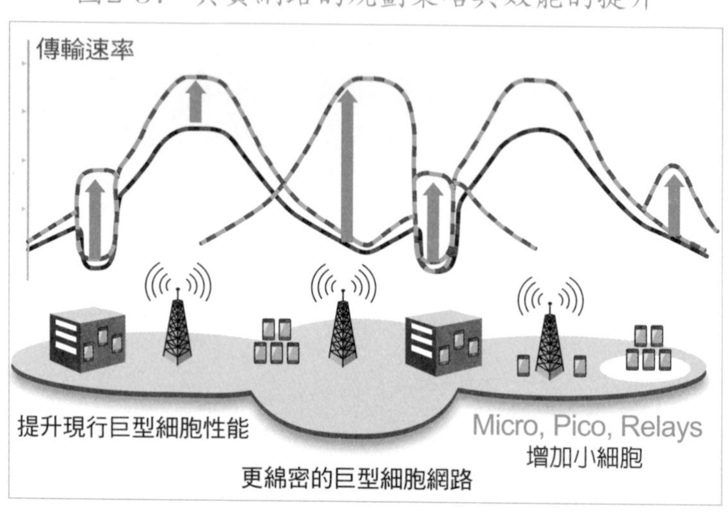

值得特別注意的是，這些策略工具的選用，也需要考量既有網路的現況（巨型基站的密集程度）、中繼網路適用傳輸的情形（自有或租專線）、可用的頻譜類型（需持照或不需持照）、預估未來資料流量與所需的資料速率，以及每個用戶在技術上和經濟上的可行方法。

此外，由於小細胞的引入增加了網路許多無線節點的數量，因此中繼網路變得甚為重要。因為中繼網路的性能不僅影響提供給用戶的資料吞吐量，也影響無線接取網路整體的性能，而一個具有高性能與低延遲的中繼網路，能使節點之間有緊密的協調，更能有效地使用頻譜資源。

由於在同質網路中，每個行動終端裝置都是由訊號最強的基地臺提供服務，因此來自其他基地臺的多餘訊號則被視為干擾。但在異質網路中可透過合作協調功能，如聯合傳送和接收，為用戶提供更高的傳輸速率與資料的吞吐量。巨型細胞與小型細胞之間的協調合作對於無線網路的效能與用戶體驗更帶來正面的影響。綜合言之，異質網路混合了無線技術，讓各種不同類型的基站細胞能無縫的協同運作，不僅可藉由熱點提高用戶容量、改善巨型細胞覆蓋的不足，更能進一步提升系統整體的效能。

4G，將為你的生活帶來什麼樣的變化？

4G，是否會改變全球產業發展？

你準備好隨著 4G「smart」了嗎……

3 Smart

顛覆想像

在連日豪雨侵襲下，這個十年前逢大雨必淹水的小鎮，降雨量已突破歷年新高，然而此時小鎮的居民們正安穩地在睡夢中。坐在抽水機監控中心的你，不敢掉以輕心地盯著螢幕，不過心裡為這科技帶來的成效感到折服，也對自己能貢獻一己之力甚感欣慰。

在這家生產抽水機的公司已經數十年，隨著通信科技的進步，你帶領公司從E化走向M化。結合定位、即時監控、雲端、管理等系統，公司所銷售出的每一臺抽水機運作情形都在掌握之中；從最早期的抽水機製造商一路走來，現在藉由科技所延伸出來的雲端售後服務，已然讓公司成了業界龍頭。值勤中抽水機的機能狀態以及數據資料透過內建的感知元件即時傳送到監控中心，一旦異常，即時回報系統發出通知，公司即刻派遣維修人員前往修護；監控系統也掌握每一臺抽水機的油料消耗情況，油量一旦降到最低值，系統便即時通知公司結盟之油料廠商前往補充油料。

近年來，監控中心增加了抽水機臺防救災抽水調配作業系統，投入政府的防救災工作，結合各區域抽水站的防災資訊，利用整合的管理平臺，調度各抽水站的抽水機，以利有效提升災害防救之成效。這個小鎮受惠於這套系統，多年前已經遠離水患。

以上的行動世代產業畫面，絕非幻想，從3G到4G，益加進步的雲端通信就像產業的翅膀，將帶領產業展翅遨翔！

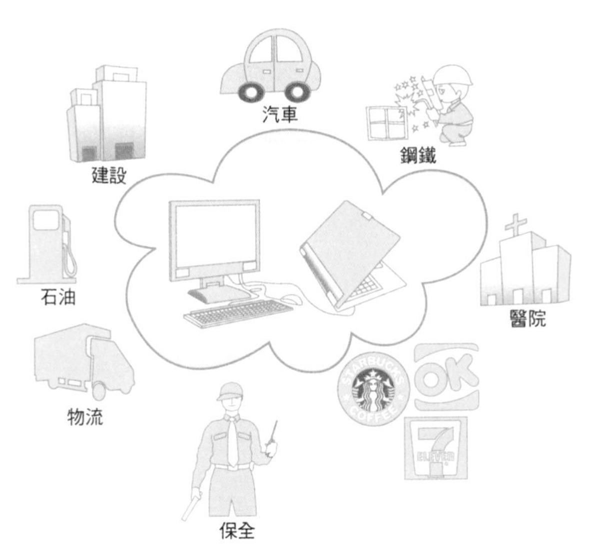

製造業	接收訂單、遠程監控設備、檢測故障、預防性維修、燃料監控
汽車業	行動祕書客服中心、道路指引、防盜通報、撞擊通報、拖吊告知、救援準時、超速提醒
醫療照護業	收集數據（如血壓、體重、血糖）、遠程診斷、緊急求救
建築業	工程進度控管、水電自動控管、電力系統自動設定、門禁系統、垃圾處理
煉油與石化業	遠程收集數據（如流量、壓力、溫度、設備）、監控機器、檢測故障
交通運輸業	遠端更新道路標誌、運輸工具定位追蹤、歷史軌跡、行駛數據、行車報表、裝卸貨回報、運輸工具調度派遣
保全業	群組管理、位置查詢、定時回報、撥號傳址、遠端守護、緊急求救、簡易通話
門市業	無人自動販賣機、貨品進銷存管控、補貨通知

3-1
行動通信應用服務發展現況

電信產業近二十年來已成為世界各國的重要產業，在臺灣也是十大新興產業之一，是臺灣邁向二十一世紀國家競爭力的重要指標。1996年1月，立法院通過《電信三法》，電信事業不再是國家專營的事業，也讓臺灣的電信事業邁向一個新的里程碑。

隔年（1997）首度開放民間申請行動電話等四項無線通訊服務，即吸引國內各主要財團、企業爭相投入。2000年3月有三家新興固網業者取得第一類電信業務執照，原為中華電信獨佔的市場開始朝向多元化、多競爭的方向發展，固網、國內／國際長途電話、寬頻交換電信、數據交換通訊、電路出租等業務競相端上消費者眼前，臺灣的行動通信產業正式進入戰國時代。

全球行動通信服務用戶數持續增長

全球的行動通信產業也同樣以驚人的速度在發展。

2007年，全球行動通信服務用戶數已有33.4億戶，2011年增加為57.88億戶，複合成長率為15%。2011年底全球行動通信使用人口普及率約87%；同期間，全球行動寬頻服務用戶數達11.64億戶，使用人口普及率約18%，其用戶數為有線寬頻服務用戶數的2倍，顯示行動通信服務需求強勁，如圖3-1。而2011年底，全球2G/3G服務人口涵蓋率各為90%及45%。

圖3-1 2006～2011年全球通信服務用戶數比較

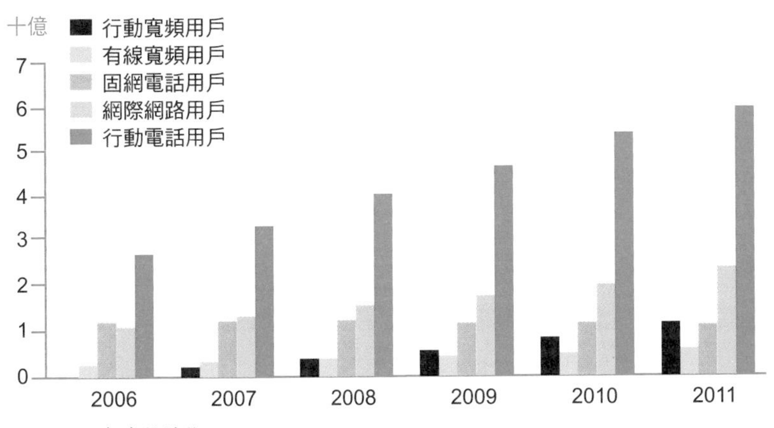

註：2011年為估計值。

資料來源：ITU, 2011/11

依地區別而言，2007～2011年行動通信服務用戶數，以亞太地區用戶數最高，由13.98億戶增加爲28.97億戶。在成長力道方面，同期間非洲、亞太及阿拉伯等三地區用戶數複合成長率分別爲26%、20%及19%，且皆高於全球複合成長率15%；反觀，美洲、西歐及東歐等三地區用戶數複合成長率明顯低於全球複合成長率，尤其西歐地區複合成長率僅2%，顯示行動通信服務在該等地區已晉成熟市場，未來成長動力應來自行動寬頻服務。

至於使用人口普及率方面，2011年美洲、西歐及東歐等三地區皆突破100%，其中東歐地區該服務人口普及率更以143%冠於全球，在在顯示行動通信服務之蓬勃發展，如表3-1。

表3-1 2007～2011年 全球行動通信服務用戶數及使用人口普及率

單位：億戶

項目		2007年	2008年	2009年	2010年	2011年*	複合成長率
亞太地區	用戶數	13.98	17.73	21.61	26.9	28.97	20%
	普及率	37%	47%	56%	69%	74%	
美洲地區	用戶數	6.49	7.41	8.14	8.78	9.69	11%
	普及率	72%	82%	89%	95%	103%	
西歐地區	用戶數	6.77	7.17	7.25	7.24	7.41	2%
	普及率	112%	118%	118%	118%	120%	
東歐地區	用戶數	2.67	3.13	3.57	3.76	3.99	11%
	普及率	96%	113%	128%	135%	143%	
阿拉伯地區	用戶數	1.75	2.14	2.64	3.1	3.49	19%
	普及率	53%	63%	77%	88%	97%	
非洲地區	用戶數	1.74	2.46	2.96	3.6	4.33	26%
	普及率	24%	32%	38%	45%	53%	
合計		33.4	40.04	46.17	53.38	57.88	15%

註*：2011年為估計值。

資料來源：ITU, 2011/11;TTC整理

依技術別來觀察，以GSM服務用戶數居最大宗，達45億戶，比重高達74%；其次爲UMTS-HSPA服務，用戶數達8.76億戶，比重爲14%。

展望未來，全球行動通信服務仍將持續暢旺，2016年全球行動通信服務用戶數更可望突破83億戶。同時，各技術別用戶數亦將有所消長。屆時GSM服務用戶數將大幅萎縮爲31億戶，比重驟降爲37%；並且UMTS-HSPA及LTE服務將大受青睞，其用戶數可望分別達38億戶及6.61億戶，比重更可望各大幅攀升爲46%及8%。有關2011與2016年全球行動通信服務技術別用戶數消長預測，如圖3-2。

圖3-2 2011與2016年
全球行動通信服務技術別用戶數消長預測

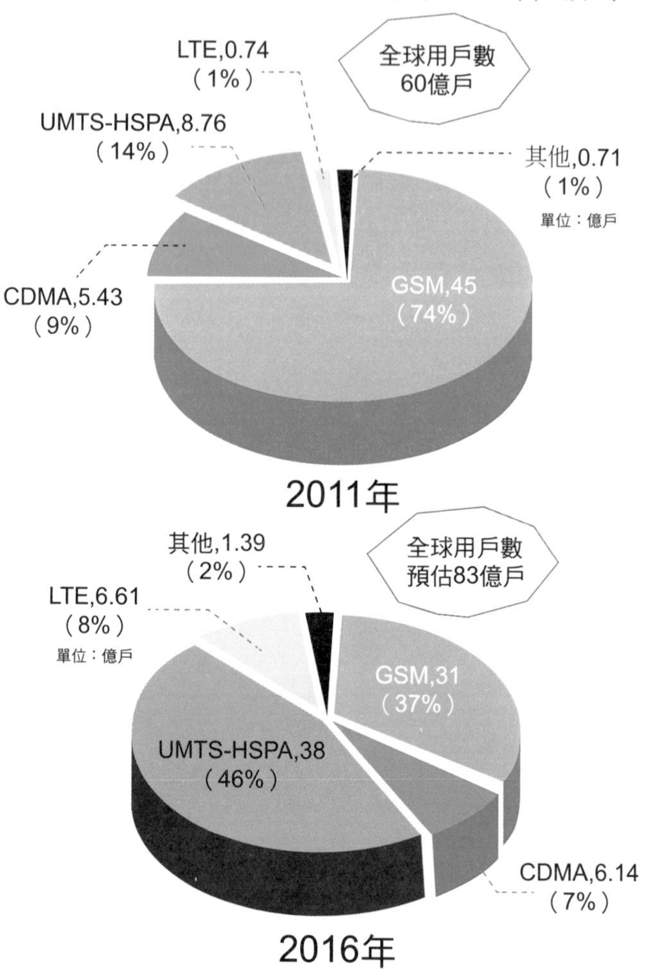

資料來源：4G Americas, 2012; 2011/11;TTC整理

行動通信產業的發展

隨著行動、寬頻與雲端運算的基礎建設日益完備，利用大規模的運算能力、高速的資料連結、行動通信及雲端運算技術，將影響全球ICT（Information and Communications Technology）產業的發展。根據行動通信大廠愛立信（Ericsson）在2012年世界行動通信大會（Mobile World Congress）上所預測，未來電信產業有幾個重要趨勢，包括：

- 智慧型手機帶來資料海嘯的影響
- LTE與小細胞（small cell）的成熟運用
- 數位化生活下引發的多元溝通方式
- 使用者體驗倍受重視
- 網路優化的重要性日益劇增

雲端運算技術

將龐大的運算作業拆成千百個較小的作業，交給遠端、多臺伺服器同時運算。雲端運算技術在網路服務中隨處可見，例如網路信箱，使用者擁有的大量電子郵件資料不是儲存在個人電腦中，而是儲存在眾多伺服器裡。

從行動到寬頻，再銜接上雲端，這三股勢力共同催生萬物互連的網路型社會（Networked Society）成爲現在進行式，而資料海嘯所帶來的影響更是電信業、網路業者共同關注的焦點。

行動通信的快速發展，讓全球行動通信服務市場與產業版塊急速擴張成長，如圖3-3。

行動通信產業鏈大致可分爲「行動通信網路部署與建置」、「行動通信服務」、及「終端設備與個人化應用」等三大部分。

其中，行動網路的部署與建置部分包含頻譜、網路設備、後端網路設施及基地臺等。行動通信服務部分包含語音、簡訊及行動寬頻等服務。終端設備與個人化應用部分則包含終端設備、行動作業系統、應用服務程式（APPs）、內容及行動商務等。如圖3-4所示。

圖3-3 行動通信產業的擴展

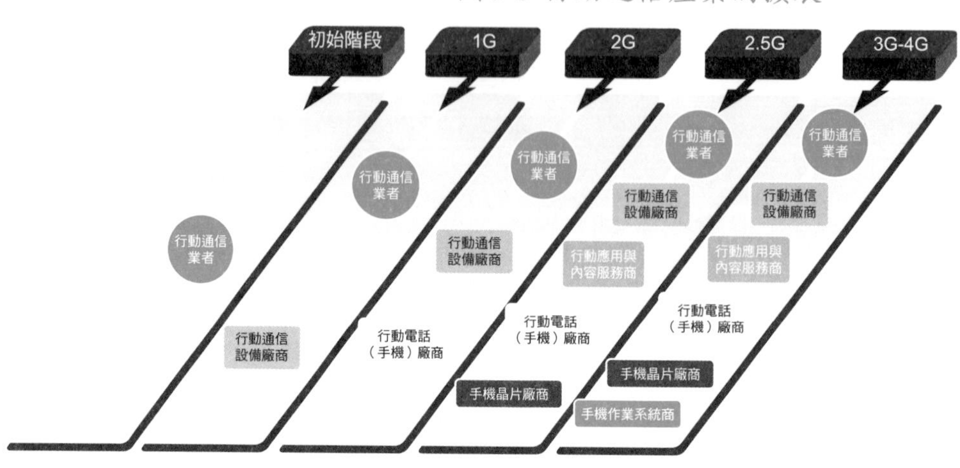

資料來源：FCC,2011/06；TTC整理

圖3-4 行動通信產業鏈

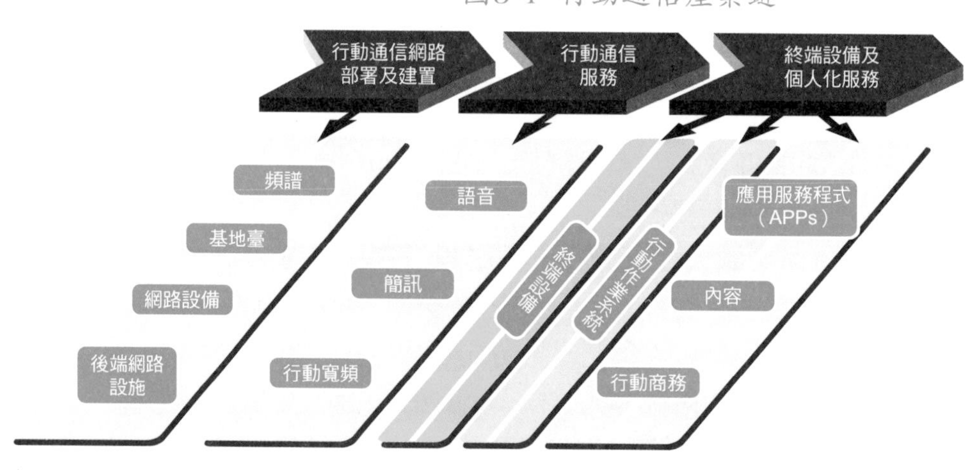

資料來源：FCC, 2011/06;TTC整理

行動通信服務向來爲行動通信產業鏈之核心，不僅攸關營運商經營績效，更是消費者日常生活的必需品，而「行動通信服務」的面向，更可以看出現今的行動通信服務市場的蓬勃發展。

智慧型手機帶來資料海嘯

美國個人電腦大廠蘋果電腦（Apple）繼成功創造風雲產品iPod之後，在2007年6月推出令人驚豔的智慧型手機iPhone，除了成功征服全球行動通信用戶，也首度向世人展現了一個新的行動視野。一部不過手掌大的智慧型手機，匯聚了網際網路、數位內容與行動通信網路等產業，將過去必須在固定的桌上電腦進行上網瀏覽的行爲，成功轉移到可攜式，甚至可置放在用戶口袋的手持設備。現在，透過智慧型手機，人們不但隨時隨地可以上網，更可以將網路服務帶著四處跑，網路的行動化加速激發了各類行動與雲端應用服務的創意和使用率，也彷彿敲下了資訊內容大水庫的一塊磚，讓人們在數位生活中不斷累積與成長的資訊、資料和需求如同一道「資料海嘯」快速襲捲而來。各種行動裝置搭配雲端的服務，例如：臉書（Facebook）、推特（Twitter），或是數位遊戲、動畫、音樂、出版及應用軟體等數位內容加值服務等，都是助昇海嘯的推手。

隨著HSPA和LTE的加速發展，根據愛立信於2012年6月最新的流量與市場數據報告指出，2017年底行動用戶數預估將接近90億，較2011年成長50%。另外，包括CDMA2000EV-DO、HSPA、LTE、Mobile WiMAX與TD-SCDMA的行動寬頻用戶數量，預估在2017年底將達到50億戶，相較2011年大幅成長5倍，顯見行動寬頻將成為未來主流，如圖3-5所示。

圖3-5 行動寬頻用戶數量預估

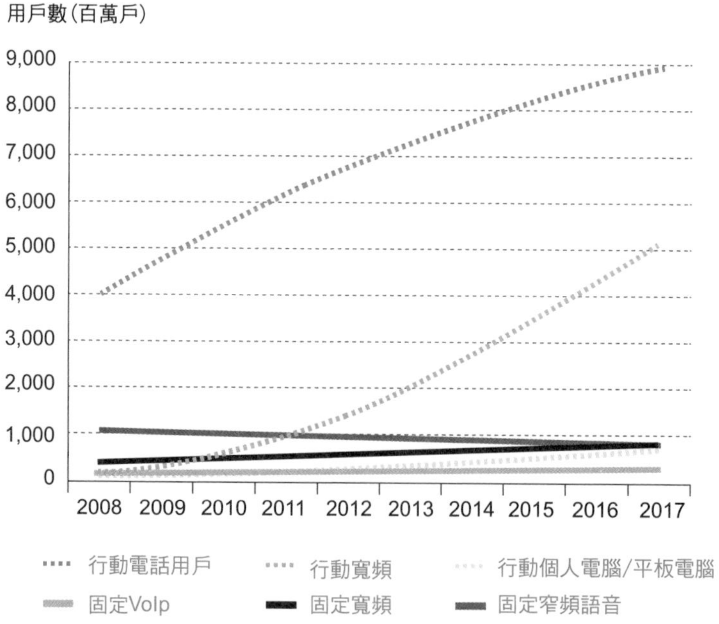

資料來源：Ericsson

在智慧型行動終端方面，由於智慧型手機（Smartphone）、行動電腦（Mobile PC）與平板電腦（Tablet）都隨著智慧型手機終端硬體能力飛速提升，不但可以支援包含高畫質視訊在內的複雜服務，更重要的是，智慧終端設備已成爲新技術應用的樂園，多項新技術如觸控螢幕、感測器、近場通信等都是未來應用於行動終端，爲行動網路開啓嶄新應用場景。因此，愛立信預測至2017年底持有智慧型手機的用戶數約爲30億戶，而行動電腦及平板電腦的用戶數也逼近固網寬頻用戶數，如圖3-6所示。

圖3-6 智慧型行動終端數量預估

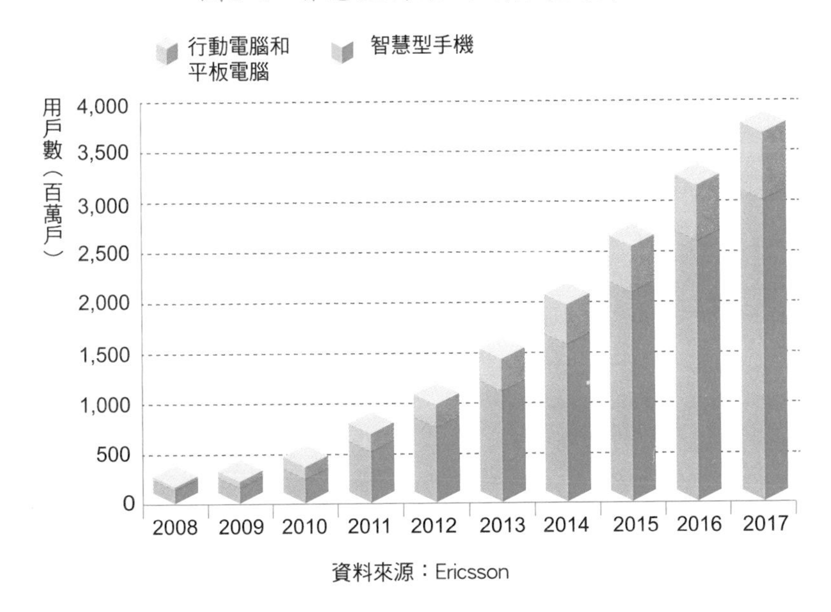

資料來源：Ericsson

由於新型智慧型手機與嶄新應用程式（App）不斷推出，數據服務需求亦將繼續增長。根據2011年ITU-R M.2243歸納全球重要廠商、組織與知名研究機構數據流量趨勢的預測顯示，如圖3-7所示，由2011年至2015年全球行動數據的訊務量快速增加、行動影音服務的普及、再加上行動網路裝置（平板電腦、智慧型手機等）需求大幅成長的帶動下，2012年全球行動數據的平均訊務量將比2011年增長200%，而預測2015年的全球行動數據的平均訊務量也將比2011年大幅成長8倍，2015年全球每月度訊務量預估將達到4EB（Exabytes）的流量。

圖3-7 全球重要廠商、組織與知名研究機構數據流量趨勢預測

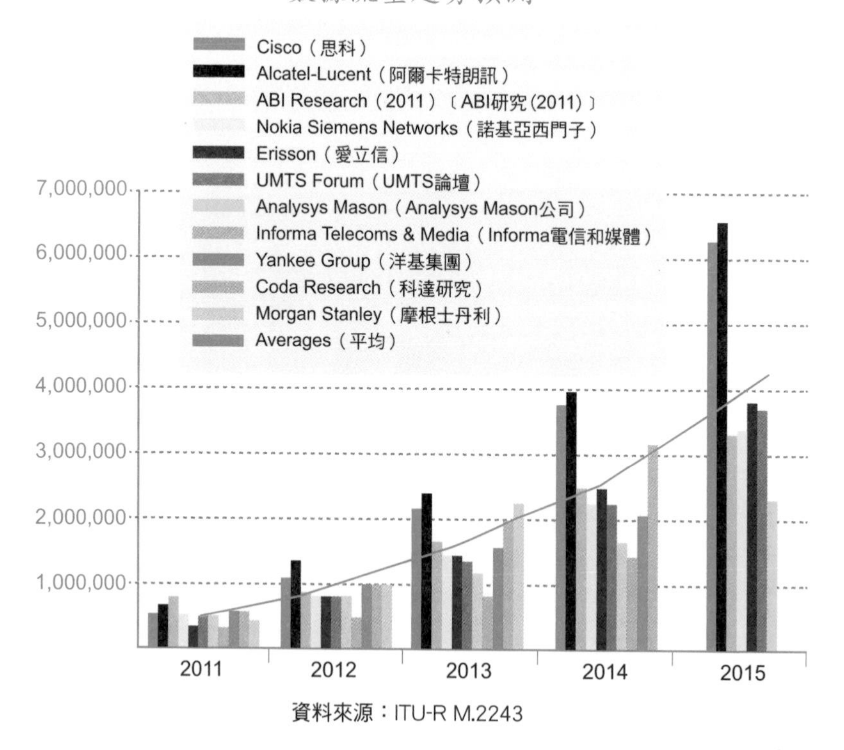

資料來源：ITU-R M.2243

應用服務帶動訊務量大增

此外，依據Telecom Asia-Ovem於2011年進行的行動寬頻服務調查發現，包括：社群網路、影音視訊與網路瀏覽等三大應用服務，是驅動數據訊務量大增的主要來源，其中又以手機、平板電腦與筆記型電腦所帶動的數據訊務量最大，如圖3-8所示。

圖3-8 提升訊務流量的應用服務類型

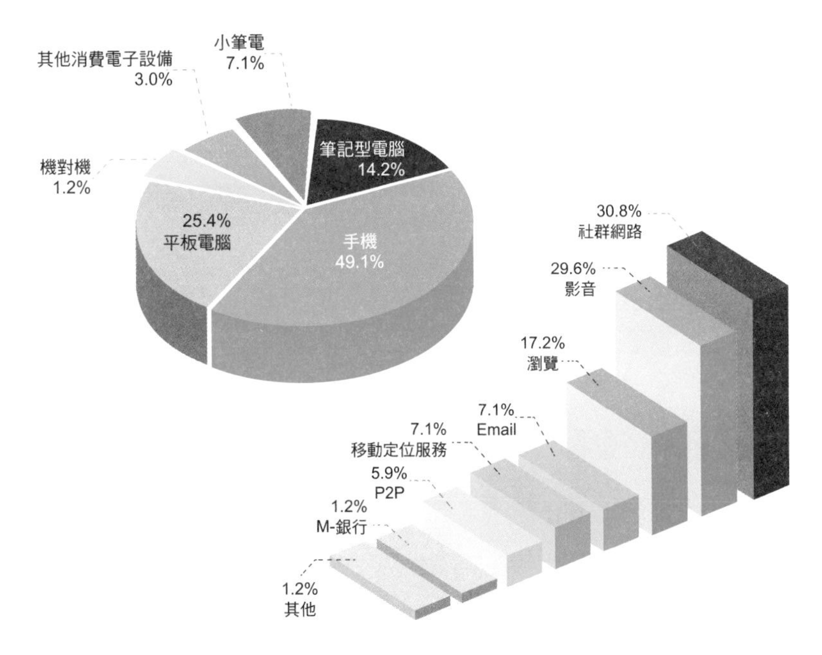

資料來源：Telecom Asia-Ovem

此外，愛立信消費者研究室也針對全球六個地區、16至60歲的通勤消費者調查發現，消費者以智慧型手機使用的應用服務，也存在著明顯的地區性差異，如圖3–9所示。例如，在亞洲地區的通勤消費者使用智慧型手機進行的應用服務，不論是上網、遊戲、簡訊、Email、即時訊息或社群網路的使用上，在全球調查的六個地區中皆名列前茅，顯見亞洲用戶對行動應用服務需求龐大。在北美與南歐大部分地區，主要仰賴汽車通勤，因此與GPS有關的導航及地圖使用遠高於其他應用。這也意味著這些地區的居民上下班時，在路上使用其他智慧型手機應用的機會相對減少。

圖3-9 通勤者使用智慧型手機應用程式在地區上的差異

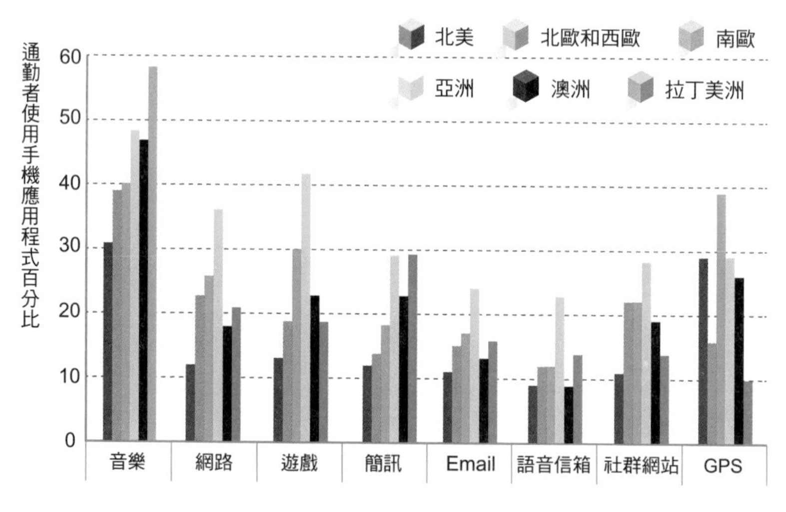

資料來源：Ericsson

隨著智慧型手持設備日益普及，越來越多人全天候使用網際網路，這些智慧型裝置使用者隨時隨地找資訊，使資料流量大增，形成資料海嘯的趨勢，此一情形對行動無線網路帶來以下幾個重要影響：

一、網際網路使用逐漸融入其他日常活動，產生了在新地點存取網路服務的需求。譬如：隨時收發Email，上傳下載客戶或公司內部傳來的資料。

二、人們會在一天當中透過當時最方便的上網終端設備，反覆的使用網路社交服務、新聞閱讀器、網路購物及串流媒體服務（Streaming media）等應用。這類服務多數都需要登錄及跨越不同終端設備的統一環境，因此用戶使用的是雲端連結。

三、隨著使用頻寬密集型（bandwidth-intensive）的應用服務越來越多，如網頁瀏覽，也使得業者2G/3G網路容量逐漸受到抑制。阿爾卡特朗訊（Alcatel-Lucent）就北美無線網路進行訊務流量（針對資料數據，沒有語音或VoIP）的研究顯示，在一天中的尖峰時段（Busy Hours），網頁瀏覽服務將消耗約33%的通話時段（airtime）及占用69%的頻寬；電子郵件服務則消耗約30%的通話時段，但僅占用約4%的頻寬，如圖3-10所示，這對網路規劃也帶來新挑戰，並需要克服新的容量瓶頸。

串流媒體服務

Streaming media。將一連串的媒體資料壓縮後，經過網路分段傳送資料，在網路上即時傳輸影音以供觀賞，媒體串流技術使得資料封包得以像流水一樣發送，這些影音媒體資料在送達觀賞者的電腦或智慧型手機後，立即由特定播放軟體播放。

阿爾卡特朗訊

Alcatel-Lucent。由阿爾卡特和朗訊科技於2006年11月30日合併而組成，公司於2006年12月1日起運行，是世界知名的通訊產品與服務大廠。總部設在法國，在全球擁有250,000多家企業以及政府客戶。

圖3-10　北美無線網路訊務流量
（針對資料數據，沒有語音或VoIP）

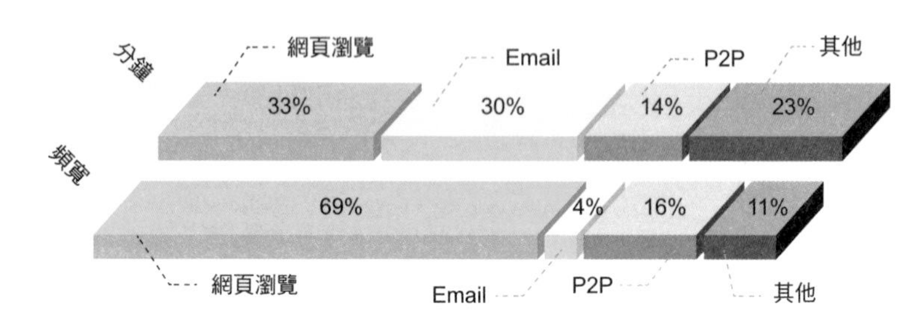

資料來源：Alcatel-Lucent

3-2 行動寬頻市場趨勢與預測

行動寬頻服務市場發展趨勢

未來由於智慧型手機等行動裝置使用率持續成長，進一步帶動行動寬頻服務普及率攀升。行動寬頻服務蓬勃發展可刺激經濟成長及增強國際競爭力。依據歐盟2011年12月共享頻譜接取價值(Value of Shared Spectrum Access)展望研究指出，寬頻服務普及率若增加10%，可望帶動經濟成長率提高0.08～1.38個百分點。以全球中低GDP國家爲例，寬頻服務普及率每增加10%，可望帶動經濟成長率提高1.38個百分點；又如，OECD高GDP國家寬頻服務普及率每增加10%，可望帶動經濟成長率提高1.50個百分點。因此，許多國家積極推動下世代寬頻服務的發展，諸如釋出更多頻率之頻寬，以提供4G服務使用。

OECD

經濟合作與發展組織（Organisation for Economic Co-operation and Development，簡稱OECD）。由全球34個國家組成的政府間國際組織。

GDP

國內生產總額（Gross Domestic Product，簡稱GDP）。一個領土面積內的經濟情況的度量。

全球行動寬頻服務用戶數現況

2011年全球行動寬頻服務用戶數約11.64億戶，使用人口普及率約18%，其用戶數爲有線寬頻服務用戶數2倍。2007～2011年全球行動寬頻服務用戶數成長力道更勝於行動通信服務，由2.69億戶攀升爲11.64億戶，複合成長率高達44%。

依地區別而言，同期間行動寬頻服務用戶數以亞太地區最高，由1.16億戶提高爲4.21億戶，複合成長率達38%。在成長力道方面，東歐及阿拉伯地區最爲強勁，複合成長率分別高達155%及100%。至於使用人口普及率方面，2011年由西歐地區以54.1%居冠，美洲地區以30.5%居次，如表3-2。

表3-2 2007～2011年
全球行動寬頻服務用戶數及使用人口普及率

單位：百萬戶

項目		2007年	2008年	2009年	2010年	2011年*	複合成長率
亞太地區	用戶數	116	164	205	289	421	38%
	普及率	3.10%	4.30%	5.30%	7.40%	10.70%	
美洲地區	用戶數	58	93	149	224	286	49%
	普及率	6.40%	10.30%	16.20%	24.10%	30.50%	
西歐地區	用戶數	89	148	200	254	336	39%
	普及率	14.70%	24.20%	32.60%	41.30%	54.10%	
東歐地區	用戶數	1	2	20	31	42	155%
	普及率	0.20%	0.80%	7.20%	11.20%	14.90%	
阿拉伯地區	用戶數	3	8	17	36	48	100%
	普及率	0.80%	2.40%	5.00%	10.20%	13.30%	
非洲地區	用戶數	2	7	11	20	31	98%
	普及率	0.20%	0.90%	1.40%	2.50%	3.80%	
合計		269	422	602	854	1,164	44%

註*：2011年為估計值。

資料來源：ITU, 2011/11;TTC整理

數字說明需求，由以上行動寬頻服務用戶數的成長率，顯示智慧型手機世代的來臨，現代的行動通信用戶，不僅習慣隨身攜帶手機，將手機當成通話、視訊的工具，還屬於必備生活用品，出門忘了帶手機，內心忐忑不安，甚至請假回去拿，90年代出生的網路原住民結合21世紀智慧型手機由3G進展到4G的多元化功能，也已成爲行動通信的原住民了！

全球行動寬頻服務用戶數之未來發展趨勢

依技術別觀察，2011年第二季全球行動寬頻服務用戶數9.36億戶中，以UMTS-HSPA服務用戶數居最大宗，達7.58億戶，比重高達81%；其次爲CDMA服務，用戶數達1.78億戶，比重爲18%。

展望未來，全球行動寬頻服務將持續飆升，2016年全球行動寬頻服務用戶數更可望突破49億戶。各技術別用戶數將各有斬獲；其中，UMTS-HSPA服務仍將維持主流技術地位，而LTE服務更將以驚人速度攀升。屆時UMTS-HSPA服務用戶數可望大幅攀升爲35億戶，但比重略降爲71%；其次爲LTE服務將大受青睞，其用戶數可望分別達6.09億戶，比重更可望由2011年第2季原0.2%大幅攀升爲12%。有關2011與2016年全球行動寬頻服務技術別用戶數消長預測，如圖3-11。

圖3-11 2011與2016年
全球行動寬頻服務技術別用戶數消長預測

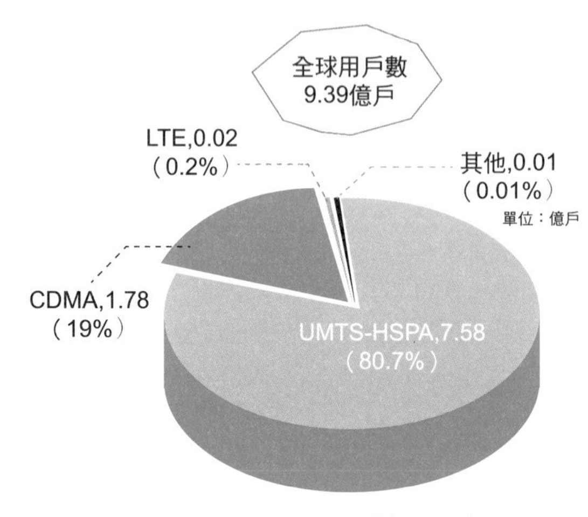

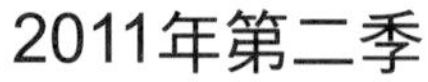

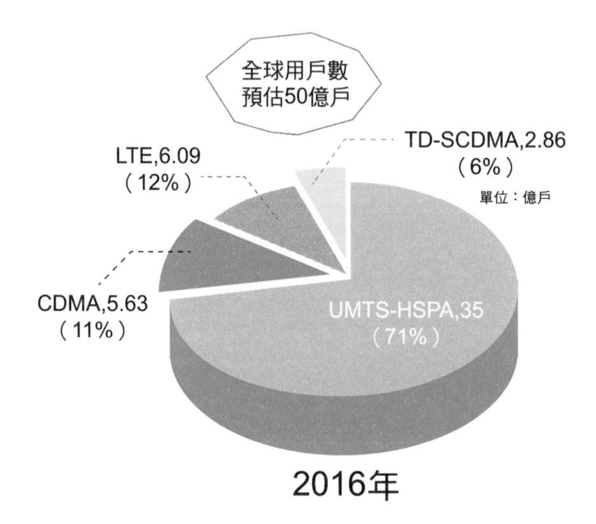

資料來源：4G Americas, 2012; 2011/11;TTC整理

全球行動寬頻服務訊務量預測

根據Cisco報告指出，2011年全球行動寬頻訊務量達0.6EB（ExaByte）/月，與前年同期相較成長率為133%，更是比2000年全球網際網路訊務量成長8倍。近年來智慧型手機等行動裝置持續暢旺，預計2012年行動裝置用戶數可望首度超過全球人口數，並預估2015年行動全球行動寬頻訊務量將超越有線行動寬頻訊務量。

EB

ExaByte的簡稱。為一種資訊計量單位，通常用於標示網路硬碟總容量，或具有大容量的儲存媒介之儲存容量時使用。1EB =10^9GB。

此外，預估2016年全球行動寬頻訊務量甚至高達約10.8EB/月，2011～2016年複合成長率估計高達78%，即2016年全球行動寬頻訊務量將較2011年成長18倍。有關2011～2016年全球行動寬頻訊務量預測，如圖3-12。

圖3-12 2011～2016年全球行動寬頻服務訊務量預測

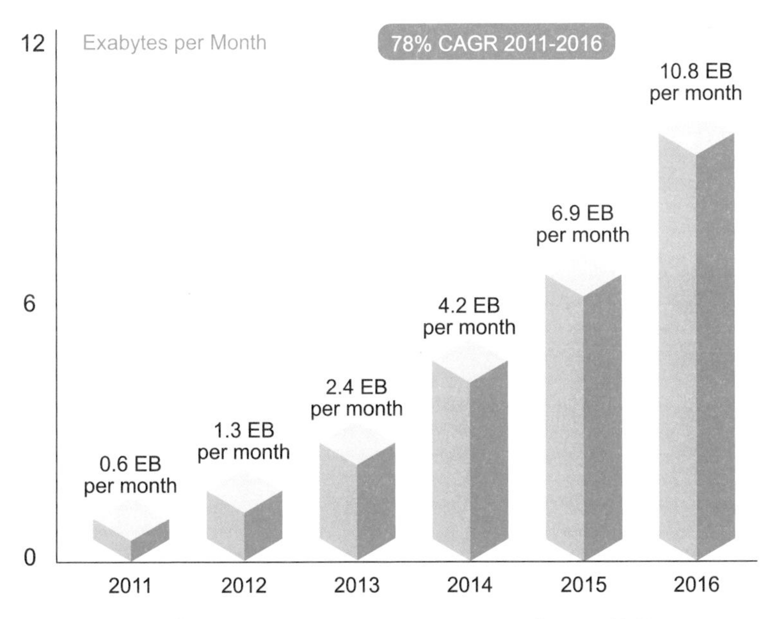

資料來源：Cisco, 2012/02; GSA; ITU, 2012/01;TTC整理

有關2011～2016年地區別全球行動寬頻服務訊務量依應用服務別、終端設備別及地區別分類預測，如表3-3。該表可約略看出以下幾個趨勢：

一、視訊服務訊務量為最大宗

依應用服務別而言，以視訊服務訊務量爲最大宗，其主要原因爲行動視訊內容比其他行動內容如行動遊戲、行動瀏覽有更高的頻寬需求。2011～2016年全球行動視訊服務訊務量之複合成長率預估達90%，且2016年視訊服務訊務量更將占行動視訊服務訊務量比重，估計高達七成。

二、智慧型手機及筆電為行動寬頻服務訊務量的主流

依終端設備別而言，智慧型手機及筆電仍持續爲行動寬頻服務訊務量的主流，預計2016年其訊務量比重分別約爲48%及24%；2011～2016年全球智慧型手機及筆電與隨身型易網機（Netbook）之複合成長率預估分別達119%及48%。而新興終端設備的平板電腦及M2M將嶄露頭角，則預計2016年其訊務量比重分別約爲10%及5%；2011～2016年全球平板電腦及M2M之複合成長率預估分別高達129%及86%。

三、亞太、西歐地區行動寬頻服務訊務量比重最高

依地區別而言，2016年亞太及西歐地區行動寬頻服務訊務量之比重預計過半。2011～2016年全球行動寬頻服務訊務量之複合成長率，由中東非洲地區以估計高達104%居冠，即預計增加約36倍；亞太地區以估計達84%居次，即預計增加約21倍。

表3-3 2011～2016年全球行動寬頻服務訊務量分類預測

單位：TB/月

	2011	2012	2013	2014	2015	2016	複合成長率
依應用服務別分類							
數據	174,942	329,841	549,559	864,12	1,349,825	2,165,174	65%
檔案分享	76,764	114,503	154,601	204,617	261,235	361,559	36%
視訊	307,869	736,792	1545,713	2917,659	4,882,198	7,615,443	90%
VoIP	7,724	10,327	12,491	15,485	22,976	35,792	36%
遊戲	6,957	13,831	24,388	40,644	77,568	118,330	76%
M2M	23,009	47,144	92,150	172,719	302,279	508,022	86%
依終端設備別分類							
智慧型手機	104,759	364,550	933,373	1915,173	3,257,030	5,221,497	119%
非智慧型手機	22,686	55,813	108,750	196,262	357,797	615,679	94%

筆電	373,831	612,217	917,486	1340,062	1,963,950	2,617,770	48%
平板電腦	17,393	63,181	141,153	300,519	554,326	1,083,895	129%
家用閘道器	55,064	108,073	180,562	267,545	376,494	514,777	56%
M2M	23,009	47,144	92,150	172,719	302,279	508,022	86%
其他	525	1,460	5,429	22,966	84,204	242,681	241%
依地區別分類							
亞太地區	205,624	437,601	831,616	1502,748	2,614,055	4,322,879	84%
北美地區	118,972	259,283	493,323	844,416	1,304,870	1,964,477	75%
西歐地區	180,370	365,722	683,843	1160,571	1,704,596	2,437,922	68%
拉丁美洲地區	40,171	77,242	145,794	267,327	455,463	737,808	79%
中歐及東歐地區	34,317	67,722	133,716	252,930	439,143	706,469	83%
中東及非洲地區	17,810	44,868	90,610	187,254	377,953	634,765	104%
合計	597,266	1252,438	2378,903	4215,246	6,896,080	10,804,321	78%

註：其他終端設備包含行動網卡及USB數據機等。

資料來源：Cisco, 2012/02

3-3
LTE服務市場發展趨勢

未來由於智慧型手機等行動裝置持續暢旺，進一步帶動行動寬頻服務普及率攀升。行動寬頻服務蓬勃發展可刺激經濟成長及增強國際競爭力。行動寬頻服務正是行動通信服務產業未來主要動力之一，而LTE服務更是行動寬頻服務的成長引擎。

全球LTE服務用戶數現況

依據GSA及4G Americas統計指出，自2009年12月TeliaSonera於瑞典及挪威首推LTE服務以來，2012年上半年全球LTE服務用戶數由2011年740萬用戶攀升爲約2,760萬用戶，較上一季成長幅度高達62%。依地區別而言，美加地區囊括了56%之強，LTE服務用戶數由2011年530萬用戶攀升爲約1,546萬用戶，較上一季成長幅度高達42%。其次爲亞太地區，成長態勢更加凌厲，LTE服務用戶數由2011年170萬用戶竄升爲約1,104萬用戶，較上一季成長幅度更高達97%，占全球LTE服務用戶數比重由2011年23%攀升爲40%。綜上，單美加及亞太二地區即囊括全球LTE服務用戶數96%之譜，其餘4%則主要在歐洲地區。有關全球LTE服務用戶數成長趨勢及2012年上半年區域分布，如圖3-13。

圖3-13　全球歷年LTE服務用戶數成長趨勢及2012年上半年區域分布

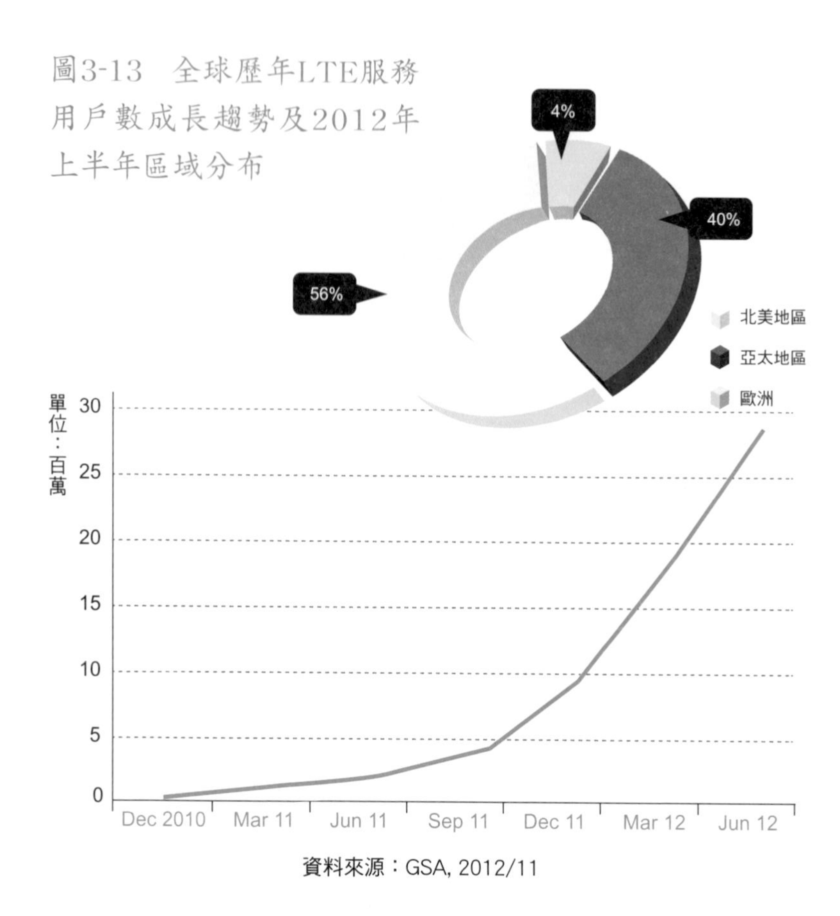

資料來源：GSA, 2012/11

全球LTE服務商業運轉情形

截至2012年11月2日止，全球105個國家360家營運商投資於LTE網路；其中，94個國家308家營運商已部署LTE網路，其餘11個國家52家營運商則展開LTE網路測試。至於LTE商用服務方面，計全球51個國家113家營運商；依據GSA預估，2012年底全球提供LTE服務，將有70個國家166家營運商，2013年底預計也將有75個國家209家營運商提供LTE服務，如圖3-14。

圖3-14　全球歷年LTE服務商業運轉家數

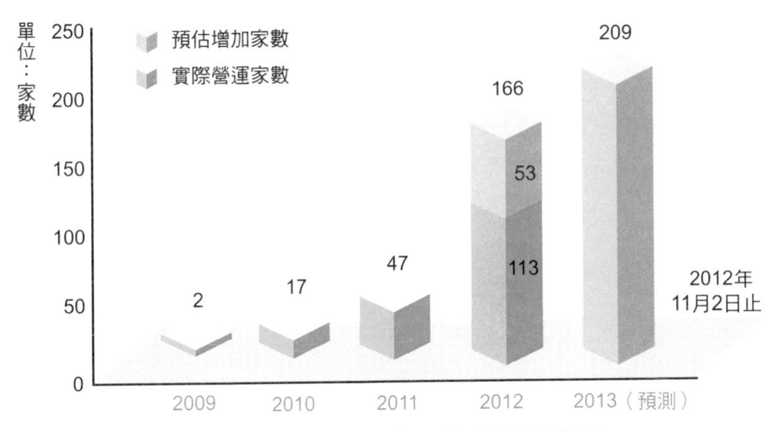

資料來源：GSA, 2012/11; 2012/03;TTC整理

美國LTE服務用戶數能獨占全球鰲頭，由其提供該服務之營運商家數即可見端倪。自MetroPCS於2010年9月在美國率先開通LTE服務以來，迄2012年11月2日止，累計Verizon及AT&T等14家營運商提供LTE服務，而其他國家頂多6家營運商提供該服務。另外，雖然2012年上半年歐洲LTE服務用戶數占全球LTE服務用戶數僅4%，但目前歐洲提供該服務之營運商家數已屆51家，占全球LTE服務營運商家數比重約45%，顯示該地區市場潛力不容小覷。有關全球LTE服務商業運轉彙整，如表3-4。（全球LTE營運商與營運起日詳見附錄一）

表3-4 全球LTE服務商業運轉

區域	營運商數	主要國家	百分比
亞太	26	香港6家 日本5家、韓國3家 新加坡、澳洲、菲律賓、關島各2家 印度、安哥拉各1家	23%
美洲	23	美國14家 加拿大4家 波多黎各 3家	20%
歐洲	51	荷蘭5家 瑞典4家 德國、芬蘭、奧地利、葡萄牙、丹麥各3家	45%
中東非洲	13	沙烏地阿拉伯3家	12%
合計	113		100%

註：除亞太地區全數列示外，其餘地區僅列示營運商3家以上的國家。

資料來源：GSA, 2012/11;TTC整理

全球LTE服務用戶數之未來發展趨勢

依據4G Americas推估，2012年全球LTE服務用戶數將突破2,200萬用戶大關，2016年更將邁向6.04億用戶，預估複合成長率高達153%。此外，依據GSA報告指出，2017年全球LTE服務用戶數可望超越10億用戶的分水嶺，且占行動通信服務用戶數比重將由2011年僅約0.1%大幅攀升為15%。該GSA報告更進一步指出，GSM服務歷經長達12年，始突破10億用戶大關，WCDMA服務亦歷時近11年，而預估LTE服務僅7年

即可望達成。有關2012～2017年全球LTE服務用戶數預測，如圖3-15。

圖3-15 2012～2017年全球LTE服務用戶數預測

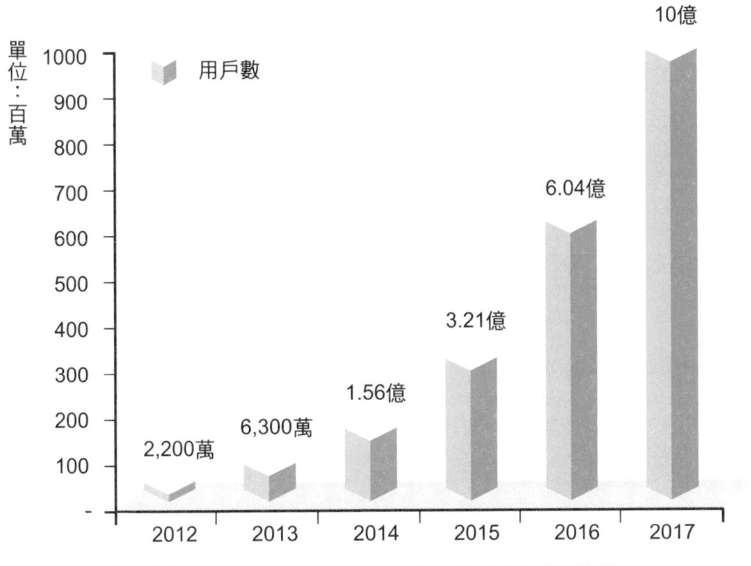

資料來源：4G Americas, 2012; GSA, 2012/06;TTC整理

指標國家LTE服務之未來發展趨勢

2011年美國及日本二者的LTE服務用戶數，囊括了全球LTE服務用戶數近八成，其LTE服務龍頭營運商分別爲美國Verizon及日本NTT DoCoMo。另外，英國及澳洲亦積極發展LTE服務。

一、美國

美國LTE服務用戶數獨占全球鰲頭，2011年美國LTE服務用戶數已突破473萬用戶，占全球LTE服務用戶數64%之強。再者，自MetroPCS於2010年9月在美國率先開通LTE服務以來，迄2012年11月2日止累計Verizon及AT&T等14家營運商提供LTE服務。其中，Verizon早於2010年12月即提供LTE服務，迄2012年10月18日止已在419個城市完成涵蓋人口達約2.5億人，並預計於2013年中完竣涵蓋率如其3G網路。再者，其LTE網路更榮膺PC World之2011年最佳產品；另其用戶實際體驗的下行速率爲5～12Mpbs及上行速率爲2～5Mpbs。又如，AT&T亦於2011年9月即開始提供LTE服務，並預計於2013年底達成人口涵蓋率80%。

二、日本

日本爲全球第4個引進LTE服務的國家，其LTE服務用戶數則稱霸亞太地區。2011年日本LTE服務用戶數已突破114萬用戶，占全球LTE服務用戶數15%之強。以NTT DoCoMo爲例，2010年12月開始提供LTE服務，短短不到1年半，2012年3月18日LTE服務用戶數即突破200萬用戶大關。此外，NTT DoCoMo預估其LTE服務用戶數將於2013年3月前超越1,100萬用戶，2016年3月更將挑戰4,100萬用戶。

KDDI預計2012年12月開始提供LTE服務，並預計2013年3月達成目標人口涵蓋率96%。至於SoftBank及eAccess，則分別於2012年2月及3月開始提供LTE服務。有關日本行動通信服務業者LTE服務部署規劃，如表3-5。

表3-5　日本行動通信服務業者LTE服務部署規劃

項目	NTT DoCoMo	KDDI	SoftBank	eAccess
LTE服務商業運轉	2010/12/1	2012/12/1	2012/2/1	2012/3/1
LTE服務使用頻段	1.5/2.1 GHz	1.5 GHz	1.5/2.5 GHz	1.8 GHz
2015年人口覆蓋率	98%	96.5%	60.6%（註2）	75.2%（註2）
LTE服務下行速率	75 Mbps（註1）	75 Mbps	–	–

註1：NTT DoCoMo預計2013年3月起於部分地區提供下行速率達112.5Mbps之LTE服務，並於2015年3月起全面提供下行速率112.5Mbps之LTE服務。
註2：含3.5G網路升級。

資料來源：GSA, 2012/05; ITU/總務省, 2012/04; KDDI, 2012/04; NTT DoCoMo, 2012/11;2012/03；Qualcomm, 2012/04;TTC整理

三、英國

英國諸多業者已積極展開3.5G的網路升級及LTE的網路測試。在LTE網路建置方面，以Everything Everywhere（註）為例，於2012年2月宣布斥資高達15億英鎊進行網路演進計畫，包含HSPA+ 21、HSPA+ 42、LTE及中繼（backhaul）等網路。再者，Everything Everywhere業於2011年9月在偏遠地區Cornwall展開800MHz頻段之LTE網路測試，並進行至2012年9月止。

同時，Everything Everywhere於2011年11月23日向Ofcom申請變更其1800MHz頻段執照，擬由原僅限2G服務用途擴大為可提供LTE/WiMAX服務。基於1800MHz頻段業經歐盟指配可作4G用途、同意該案有助於提供更高速率及較低

延遲的寬頻網路服務、800MHz/2.6GHz頻段預計即將2012年第4季拍賣，及消費者對4G服務接受度未明朗，並考量Everything Everywhere已向歐盟承諾釋出其部分1800MHz頻段之頻寬等因素，Ofcom認為未有重大扭曲市場有效競爭之虞，乃於2012年8月21日核准該案，並自同年9月11日生效。後Everything Everywhere於2012年10月30日在倫敦等11個城市 提供平均下行速率8～12Mbps之LTE服務；與使用800MHz/2.6GHz頻段業者預計2013年底始可提供LTE服務相較，提早約15個月。此外，Everything Everywhere預計2012年底部署LTE網路達到人口涵蓋率33%，並預計2014年底LTE網路人口涵蓋率達98%。

註：Everything Everywhere由T-Mobile UK及Orange於2010年3月1日經歐盟核准合併成立。

四、澳洲

目前澳洲各營運商莫不積極展開部署LTE網路。以Telstra為例，於2011年2月宣布在重要商業地區以既有1800MHz頻段建置LTE網路，輔以其他重要地區則在850/2100MHz頻段建置HSPA+網路，並於2011年5月率先提供LTE服務，下行速率為2～40 Mpbs。

此外，Optus繼2011年9月獲得澳洲首家700MHz頻段的LTE網路測試執照，同年亦於1800 MHz頻段展開第二階段的LTE網路測試，並於2012年7月31日在雪梨等地開始提供LTE服務。Optus又於2012年2月20日宣布與Seven控股公司簽署附條件協議，預計斥資2.3億澳元概括承受旗下Vividwireless公司，包含2.3GHz頻段之98MHz頻寬，規劃提供下行速率高達87Mbps之LTE服務，爲Telstra目前所提供LTE服務速率之2倍。再者，Optus於2012年7月展開4G TD-LTE網路測試，可提供200Mbps之峰值速率，平均速率介於25～87Mbps之間，並預計2013年部署4G TD-LTE網路。

臺灣LTE實驗網路計畫

WiMAX原本是臺灣推動4G通信標準的主要方針，但由於WiMAX技術近年來發展不如預期，加上3GPP主導的LTE在全球通信產業生態中占有較大優勢，臺灣4G發展方向也轉爲加強在LTE的部署，積極協助我國三大電信業者（中華電信、臺灣大哥大、遠傳電信）陸續布局4G LTE網路的準備工作。

以中華電信爲例，國內LTE實驗網路計畫是中華電信參與網路通訊國家型科技計畫（NCP）的研究項目之一，自2010年起陸續進行LTE FDD/TDD網路場測，包含700MHz、2.3GHz及2.6GHz頻段測試，以在定點及汽車高速行駛狀態下，達成下行速率10～60Mbps。該計畫也提供國內網通設備製造商進行終端設備與實驗網路互連測試，以協助國內網通產業進入速度與品質兼具的行動寬頻新世代，爲台灣資通訊（ICT）產業的發展立下重要里程碑。

3-4 LTE終端設備市場發展趨勢

近年來行動終端設備機種呈百花爭放，造就數據訊務量激增，進而衍生對LTE寬頻網路的殷切需求。未來行動終端設備將更加多樣與廣泛。另依據FCC於2011年行動無線服務市場競爭力分析報告指出，因終端設備而更換營運商者占受訪者38%，顯示終端設備的重要性。

再者，行動終端設備的作業系統平臺管理軟體資源與硬體間之溝通，不僅影響應用服務與設備之互動，亦攸關如何與網路連結。以智慧型手機爲例，目前主要作業系統爲Apple iOS、Google Android、Microsoft Windows及RIM Blackberry等，其功能比較如表3-6所示。

表3-6 智慧型手機主要作業系統別功能比較

項目	Apple iOS	Google Android	Microsoft Windows	Black-berry
偵測網路類型	V	V	V	V
非同步請求/回應	V	V	V	V
資料快取	V	X（預設不支援）	X（預設不支援）	V
資料壓縮	V	X（預設不啓用）	X（預設不支援）	V
網路效率的資料格式	V（iSO 5.0）	V	V	V
推播提示	V（iSO 4.0以上）	V（Android 2.2以上）	V	V

資料來源：4G Americas, 2012/05;TTC整理

全球LTE終端設備產品類型分布現況

自2009年第4季推出全球首款LTE終端設備以來，2011年底LTE終端設備即超過300款，2012年11月初更累計達到560款。其種類主要爲路由器/個人熱點、智慧型手機、行動網卡、模組、平板電腦及筆記型電腦等。其類型分布，以路由器的款式最多，計有184款；其次爲智慧型手機151款。此外，LTE平板電腦亦推出了50款。有關全球LTE終端設備類型分布明細，如圖3-16。

圖3-16 全球LTE終端設備類型分布

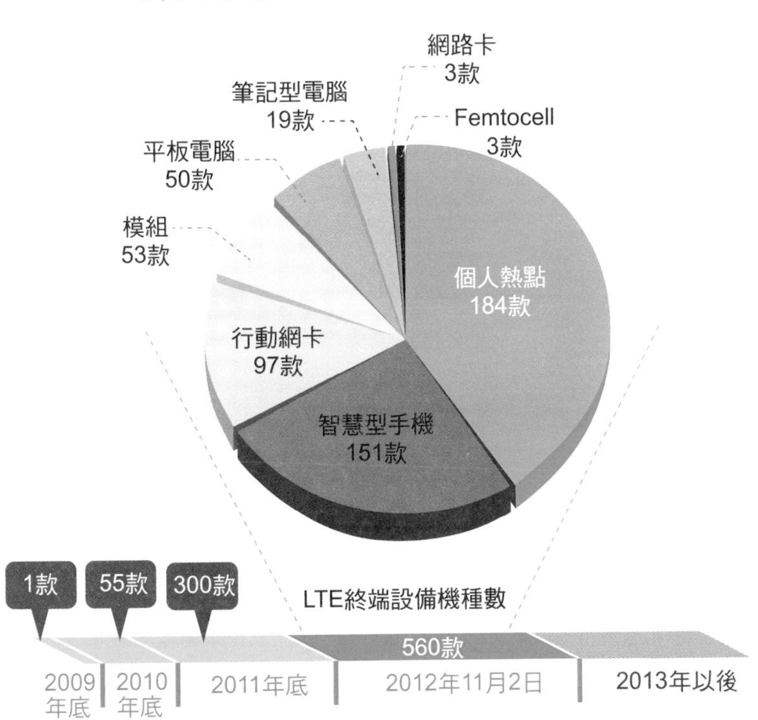

資料來源：GSA, 2012/07; Qualcomm, 2012/04;TTC整理

全球行動終端設備出貨量現況

2011年全球行動終端設備出貨量高達17.74億臺，與2010年出貨量約15.96億臺相較，成長率達11.1%。2011年前十大行動終端設備廠商出貨量市場占有率合計達66.3%，但略低於前年同期市場占有率69.6%。其中，Nokia雖然連續2011年與2010年蟬聯出貨量市場占有率桂冠寶座，但出貨量卻衰退8.4%；反觀，Apple、ZTE、HTC及Huawei等廠商，2011年行動終端設備出貨量成長率皆高達70%以上，如表3-7所示。

表3-7 2010～2011年全球行動終端設備依廠商別出貨量

單位：千臺

廠商	2011年		2010年		成長率
	出貨量	市場占有率	出貨量	市場占有率	
Nokia	422,478	23.8%	461,318	28.9%	(8.4%)
Samsung	313,904	17.7%	281,066	17.6%	11.7%
Apple	89,263	5.0%	46,598	2.9%	91.6%
LG Electronics	86,371	4.9%	114,155	7.1%	(24.3%)
ZTE	56,882	3.2%	29,686	1.9%	91.6%
RIM	51,542	2.9%	49,652	3.1%	3.8%
HTC	43,267	2.4%	24,688	1.5%	75.3%
Huawei	40,663	2.3%	23,815	1.5%	70.7%
Motorola	40,269	2.3%	38,554	2.4%	4.4%
Sony Ericsson	32,598	1.8%	41,819	2.6%	(22%)
其他	597,327	33.7%	485,452	30.4%	23.0%
合計	1,774,564	100%	1,596,803	100%	11.10%

資料來源：Gartner, 2012/02;TTC整理

全球行動通信終端設備出貨量之未來發展趨勢

依據國際電信聯盟報告指出，預估2020年全球行動通信終端設備出貨量將由2010年53.28億臺攀升達96.84億臺，爲2010年出貨量約1.8倍。其主要假設爲2020年全球行動通信終端設備人口普及率（未含M2M）爲119%及M2M終端設備人口普及率爲6.7%。

依產品別觀察，國際電信聯盟預估2020年全球低階手機出貨量比重將由2010年77%大幅萎縮爲17%，並將由中階及高階智慧型手機取而代之。2010年全球高階及中階智慧型手機出貨量比重各爲12%及7%，預估2020年其出貨量比重將分別攀升爲40%及20%。值得特別注意的是，聯網設備（connected devices）及M2M出貨量將大幅成長，其出貨量比重將由2010年分別爲0%及1%，攀升各爲9%及7%。有關2010與2020年全球行動通信終端設備出貨量消長預測，如圖3-17。

圖3-17 2010與2020年
全球行動通信終端設備出貨量消長預測

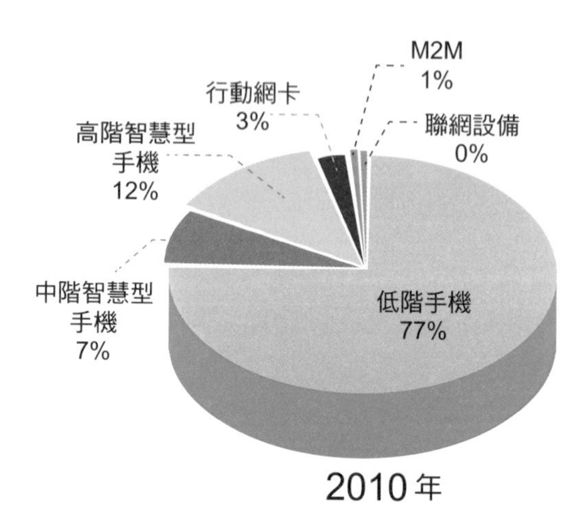

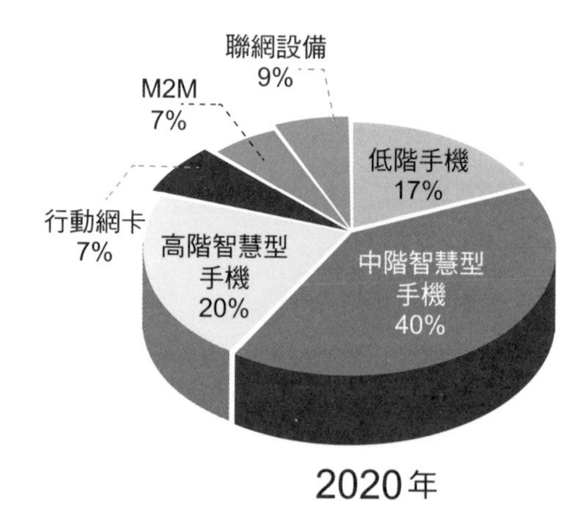

資料來源：ITU, 2012/01;TTC整理

依區域別而言，亞洲地區於2010～2020年間行動通信終端設備皆維持強勁需求，成長率預估高達92%且出貨量比重持續攀升，預估2015年占全球出貨量比重將突破五成。同期間，美洲地區表現亦屬暢旺，成長率預估高達57%。反觀，歐洲地區該出貨量則相對顯得平穩，2020年出貨量與2010年相較成長率約38%，且2020年出貨量比重由2010年19.4%降爲14.7%。有關2010、2015及2020年全球行動通信終端設備出貨量趨勢預測，如表3-8。

表3-8 2010、2015及2020年
全球行動通信終端設備出貨量趨勢預測

單位：百萬臺

區域	項目	2010年	2015年	2020年
亞洲	出貨量	2,579	3,825	4,957
	比重	48.4%	51.1%	51.2%
歐洲	出貨量	1,033	1,222	1,427
	比重	19.4%	16.3%	14.7%
美洲	出貨量	915	1,166	1,437
	比重	17.2%	15.6%	14.8%
其他	出貨量	801	1,276	1,863
	比重	15.0%	17.0%	19.2%
合計		5,328	7,489	9,684

資料來源：ITU, 2012/01;TTC整理

3-5 LTE服務頻段部署策略與現況

全球營運商LTE服務頻段部署策略

隨著行動通信服務需求的提升與行動通信技術的不斷演進，電信業者部署電信網路時，通常需要考量自有頻段與相應通信技術的成熟性，以滿足市場的需求。

相較於GSM及UMTS技術的固定頻寬特性，各頻段之傳輸速率皆爲一致，而LTE技術的頻寬則是非固定的，各個頻段也將隨著使頻寬的配置而有不同的傳輸速率。例如，在2.1/2.6GHz頻段及20MHz之頻寬下，LTE技術則可提供高達150Mbps之傳輸速率，相關頻段之相應技術的演進時程，如表3-9。

表3-9 LTE與其他技術在不同使用頻段之峰值速率比較

頻段	GSM EDGE/GPRS	UMTS HS×PA	HSPA+	LTE	WiMAX（TDD）
載波頻寬	200kHz	5MHz	5MHz	Var.	Var.
790～862（DD*）	n.a.	14MBps	28MBps	Max. 10MHz 50～60MBps	Possibly FDD From 2012
900	114kbps	14MBps	28MBps	Max. 10MHz 50～60MBps	
1800	114kbps	14MBps	28MBps	Restr. 20MHz <150MBps	
2100	n.a.	14MBps	28MBps（42MBps）	20MHz 150MBps	
2600	n.a.		28MBps（42MBps）	20MHz 150MBps	50MHz 140MBps
3500	n.a.				3×7MHz 70MBps

註*：DD指數位紅利釋出之頻段。
註：各頻段的技術達成時間 2009 2010/11 >2011之後

資料來源：GSA, 2012/03

再者，電波的發射距離也受頻率高低不同而有所差異。由於低頻率的波長較長且衰減較小，使得電波發射距離較遠，覆蓋面積也較廣，相對的業者也不須設置較多的基地臺設備。反之，高頻率的波長較短且衰減較大，因此電波發射距離較近，覆蓋面積也較小，相對的業者也須設置較多的基地臺設備以服務更多的行動用戶。因此，營運商在LTE服務之頻段部署策略上，通常將2.6GHz頻段部署於都會區，1800/1900MHz頻段部署於都會區及郊區，並透過700/800MHz頻段的部署補充郊區及偏遠地區的覆蓋。此外，基於降低基地臺數及成本等因素，搭配2.6GHz與700/800MHz頻段的使用，也較2.6GHz頻段單獨使用爲佳。典型的4G服務頻段部署策略，如圖3-18。

圖3-18 全球營運商LTE服務頻段部署之典型策略

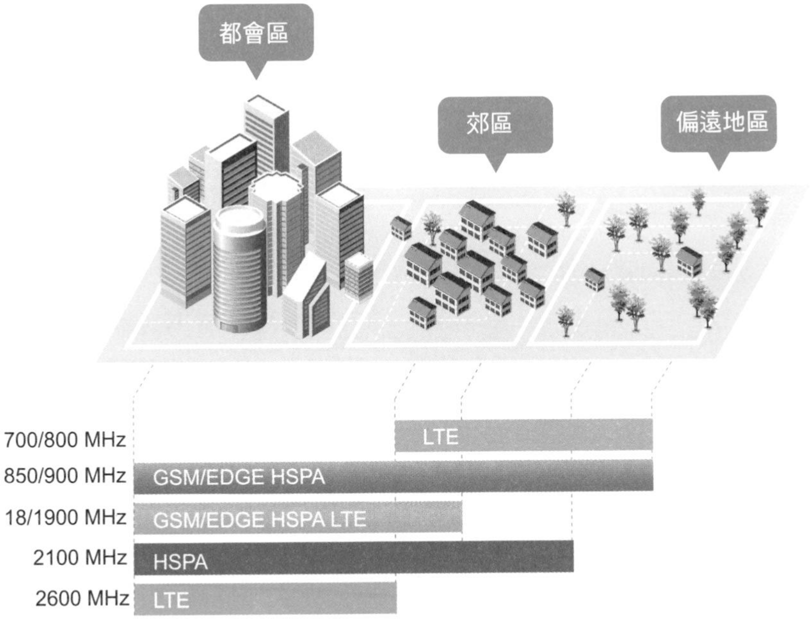

都會區
郊區
偏遠地區
700/800 MHz
LTE
850/900 MHz
GSM/EDGE HSPA
18/1900 MHz
GSM/EDGE HSPA LTE
2100 MHz
HSPA
2600 MHz
LTE

資料來源：GSA, 2011/03

重點提示

基於頻譜特性及LTE技術在不同頻寬之峰值速率不一等因素，對營運商在LTE服務之頻段部署策略上，將形成時程先後及地理區域差異。

全球營運商LTE 服務之頻段，主要部署於700/800MHz、850/900MHz、18/1900MHz、2.1GHz及/或2.6GHz等頻段。以英國爲例，其頻段部署之典型策略以時間而言，首先於2012年中展開1800MHz頻段的部署；其次800MHz及2.6GHz頻段也將於2013年中開始部署；接著，900MHz頻段的部署約在2015年展開；最後，預計於2017年進行2.1GHz頻段部署。

全球營運商LTE服務頻段部署實況

綜觀全球行動營運商LTE服務使用頻段，主要部署於700 MHz、800/850MHz、900MHz、1500MHz、1800/1900MHz、2.1GHz、2.3GHz、2.6GHz及/或3.5GHz等9個頻段。其中，1800MHz頻段的LTE商用服務營運商家數最多，且是唯一全球各地區皆有營運商於該頻段提供LTE服務的頻段。新增頻段2.6 GHz則居次。

此外，LTE服務頻段部署，亦有地域性。美洲地區LTE服務使用頻段主要在700MHz頻段，由於2011年美國LTE服務用戶數高居全球LTE服務用戶數64%之強，該頻段亦是LTE服務用戶數最多的頻段。亞洲地區LTE服務使用頻段主要於1800MHz及2.6GHz頻段；但日本則部署LTE服務於800MHz、1500MHz、1800MHz、2.1GHz及2.5GHz頻段，且目前1500MHz頻段僅日本部署；而韓國亦有部署LTE服務於850MHz頻段。又歐洲地區部署LTE服務使用頻段主要於800MHz、1800MHz及2.6GHz頻段；但瑞典則有部署LTE服務於900MHz頻段。英國首家提供LTE服務的UK Broadband部署於3.5GHz頻段，是全球第一家於該頻段提供TD-LTE服務的營運商。

至於個別營運商而言，2011年席捲全球LTE服務用戶數近八成的美國及日本，其LTE業務龍頭營運商分別爲美國Verizon及日本NTT DoCoMo。前者將LTE服務頻段部署於700 MHz頻段，後者則將LTE服務頻段部署於1500MHz及2.1GHz頻段。有關全球LTE服務使用頻段，如表3-10。

表3-10 全球LTE服務使用頻段

		2012年11月2日止
頻段	區域	重要業者
700MHz	美洲	Verizon（美國）、AT&T（美國、波多黎各）、US Cellular（美國）、Claro（波多黎各）、Open Mobile（波多黎各）、Antel（烏拉圭）、C Spire Wireless（美國）
	亞太	IT&E（關島）、DoCoMo Pacific（關島）
800MHz	歐洲	Vodafone（德國）、T-Mobile（德國）、Telefónica（德國）、VIPNet（克羅埃西亞）、IDC（摩爾多瓦）
	亞太	KDDI（日本）
	非洲	Smile（坦尙尼亞）
850MHz	亞洲	SK Telecom（韓國）、LG U+（韓國）
900MHz	歐洲	Tele2（瑞典）、TeleNor（瑞典）
1500MHz	亞太	NTT DoCoMo（日本）

1800MHz	亞太	CSL（香港）、MobileOne（新加坡）、SingTel（新加坡）、Telstra（澳洲）、KT（韓國）、eAccess（日本）、Optus（澳洲）、Smartone（香港）、StarHub（新加坡）、Globe（菲律賓）
	歐洲	T-Mobile（德國、匈牙利、克羅埃西亞）、TeliaSonera（丹麥、芬蘭）、Elisa（芬蘭）、DNA（芬蘭）、Aero2（波蘭）、EMT（愛沙尼亞）、LMT（拉托維亞）、Omnitel（立陶宛）、Azercell（亞塞拜然）、Telefónica（捷克、斯洛伐克）、Orange（模里西斯、盧森堡）、TeleNor（匈牙利）、Si.mobil（斯洛維尼亞）、Emtel（模里西斯）、Tango（盧森堡）、Babilon（塔吉克）、Everything Everywhere（英國）
	美洲	Orange（多明尼加）
	中東非洲	Zain（沙烏地阿拉伯）、Etisalat（阿拉伯聯合大公國）、Movicel（安哥拉）、MTC（那米比亞）、Du（阿拉伯聯合大公國）、Vodacom（南非）
1900MHz	美洲	Sprint（美國）
2.1GHz	亞太	NTT DoCoMo（日本）、KDDI（日本）
	歐洲	Babilon（塔吉克）
	美洲	Metro PCS（美國）
2.3GHz	中東	STC（TDD，沙烏地阿拉伯）、Omantel（TDD，阿曼）
2.5GHz	亞太	SoftBank（日本）

2.6 GHz	亞太	CSL（香港）、China Mobile HK（香港）、MobileOne（新加坡）、SingTel（新加坡）
	美洲	Sky（TDD，巴西）、Une-UPM（哥倫比亞）
	歐洲	TeliaSonera（挪威、瑞典、烏茲別克、芬蘭、丹麥）、Vodafone（德國、葡萄牙、荷蘭）、TMN（葡萄牙）、TeleNor（瑞典、挪威）、Tele2（瑞典、荷蘭）、Elisa（芬蘭）、DNA（芬蘭）、VivaCell（亞美尼亞）、Yota（俄羅斯）、Yota Bel（白俄羅斯）、Saima（吉爾吉斯斯坦）、KPN（荷蘭）、T-Mobile（荷蘭）、MTS（TDD，俄羅斯）、3（丹麥）
	中東	Mobily（TDD，沙烏地阿拉伯）、Etisalat（阿拉伯聯合大公國）
3.5 GHz	歐洲	UK Broadband（TDD，英國）

資料來源：Analysys, 2011/07; GSA, 2012/11;TTC整理

圖3-19 全球營運商LTE服務使用頻段分布

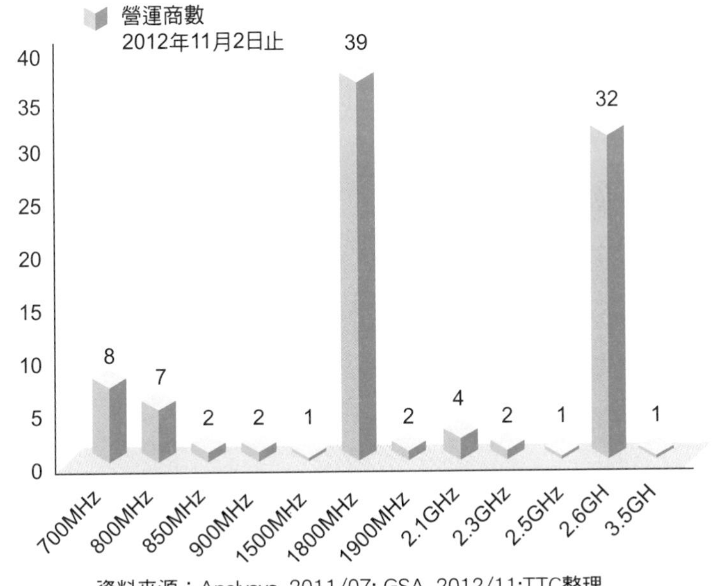

資料來源：Analysys, 2011/07; GSA, 2012/11;TTC整理

全球LTE終端設備使用頻段現況

LTE終端設備使用頻段分布情形，主要反映出LTE服務用戶數分布端倪。2012年11月2日止，全球LTE FDD終端設備在700 MHz頻段已推出251款，由於美國2011年LTE服務用戶數高居全球LTE服務用戶數64%之強，該頻段亦是LTE服務用戶數最多的頻段。另外，800MHz頻段推出115款、1800MHz頻段推出130款、2600MHz頻段推出158款、800/1800/2600 MHz頻段推出93款，及1700/2100MHz（AWS）頻段（美國）推出111款。同期間，全球LTE TDD終端設備在2300 MHz頻段已推出77款及2600MHz頻段推出113款。有關全球LTE終端設備使用頻段分布，如表3-11。

表3-11　全球LTE終端設備使用頻段分布

	2012年11月2日止
LTE FDD	終端設備
700 MHz頻段	251款
800 MHz頻段（頻帶#20）	115款
1.8 GHz頻段（頻帶#3）	130款
2.1 GHz頻段（頻帶#1）	72款
2.6 GHz頻段（頻帶#7）	158款
800/1800/2600 MHz頻段	93款
AWS（工作頻段#4）	111款
LTE TDD	終端設備
2.3 GHz頻段（頻帶#40）	77款
2.6 GHz頻段（頻帶#38）	94款
2.6 GHz頻段（頻帶#41）	19款

資料來源：GSA, 2012/11；TTC整理

又由全球LTE服務與終端設備頻段分布比較觀察，由於全球LTE服務用戶數分布，美洲地區囊括全球71%之強，而該地區LTE服務使用頻段以700MHz頻段爲主，對照LTE終端設備款數分布，亦以700MHz頻段爲最大宗，反映LTE終端設備發展遵循市場導向。另營運商LTE服務使用頻段以部署於1800MHz頻段爲最大宗，對照LTE終端設備於該頻段亦高達130款之多，僅次於2.6GHz及700MHz頻段。有關全球LTE服務與終端設備頻段分布比較，如圖3-20。

圖3-20　全球LTE終端設備頻段分布圖

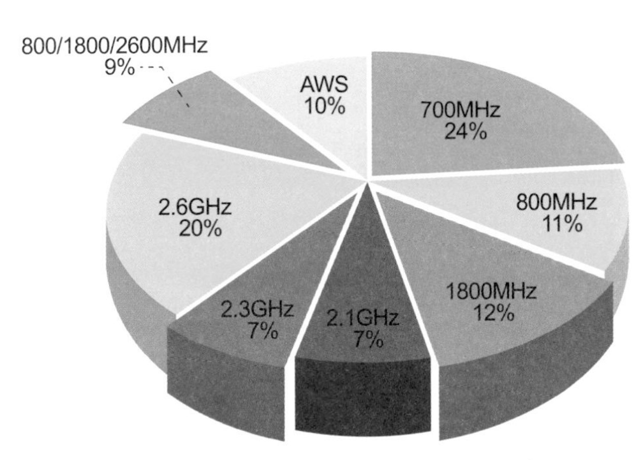

資料來源：Analysys, 2011/07; GSA, 2012/07; 2012/05;TTC整理

3-6 主要國家4G服務頻段及執照比較

4G服務頻段及頻寬比較

數位紅利頻段

Digital dividend bands。數位化紅利頻段是類比電視向數位電視升級後空餘出來的頻段（如賺到的紅利），由於可實現更佳的覆蓋和更高的傳輸容量，因而被電信業者視為「黃金頻段」，也意外成為下一波產業競逐的焦點。

在個別國家4G服務頻率規劃方面，由於各國既有頻譜配置用途及隸屬區域不盡相同，個別國家所規劃4G服務之頻譜區塊會略有差異。諸如：700MHz數位紅利頻段大致落於698～806MHz區塊，英國聚焦於791～862MHz之間，而澳洲則聚焦於703～803MHz頻段。有關國際電信聯盟700MHz數位紅利頻率範圍，如表3-12。

表3-12　國際電信聯盟 700MHz數位紅利頻率範圍

頻段編號	頻　段	上行運作頻段	下行運作頻段
Band 12	Lower 700 MHz	699～716 MHz	729～746 MHz
Band 13	Upper C 700 MHz	777～787 MHz	746～756 MHz
Band 14	Upper D 700 MHz	788～798 MHz	758～768 MHz
Band 17	Lower B,C 700 MHz	704～716 MHz	734～746 MHz
亞太地區數位紅利		698～806 MHz	

資料來源：GSA, 2012/03;TTC整理

另外，以美國2008年拍賣700MHz頻段為例，說明700MHz頻段拍賣規劃。其700MHz頻段執照之頻寬，由6MHz至22MHz不等。至於執照經營區域及張數方面，除758～763/788～793MHz區塊為全區執照且僅一張外，其餘皆為分區執照計1,098張，而得標執照計1,090張。特別值得一提的

是，D頻段全區執照（758～763+788～793MHz）附有「適用公部門與民間協力（public/private partnership）」之規定，即得標的營運商須負有建置公共安全寬頻網路等義務，致使唯一投標廠商Qualcomm以遠低於底價投標而流標。FCC考慮未來釋出該執照，並修正部分規定。有關美國700MHz頻段提供4G服務執照規劃，如圖3-21。

圖3-21　美國700 MHz頻段4G服務執照規劃

區塊	頻段（MHz）	頻寬	頻譜對稱性	區域類型	執照張數
A	698-704，728-734	12MHz	2×6MHz	經濟地區	176
B	704-710，734-740	12MHz	2×6MHz	行動通訊市場地區	734
C	710-716，740-746	12MHz	2×6MHz	行動通訊市場地區	734
D	716-722	6MHz	非對稱性	經濟地區群組	6
E	722-728	6MHz	非對稱性	經濟地區	176
C	746-757，776-787	22MHz	2×11MHz	區域性經濟地區群組	12
A	757-758，787-788	2MHz	2×1MHz	都會經濟地區	52
D	758-763，788-793	10MHz	2×5MHz	全美國	1（註）
B	775-776，805-806	2MHz	2×1MHz	都會經濟地區	52

註：該全區執照須適用公部門與民間協力。民間協力之規定，即得標營運商負有建置公共安全寬頻網路等義務。

灰色區塊表示 2008 年前即拍賣釋出。

資料來源：FCC, 2007/09

在4G服務頻段之頻寬方面，美國4G服務使用頻寬規劃至2020年，其使用頻段與英國及澳洲略有不同。既有頻段爲700MHz、800MHz、1900MHz、1.7/2.1GHz及2.6GHz等頻段，計547MHz之頻寬；新增頻段爲部分TV頻段、700MHz前次流標的全區執照、MSS頻段、2GHz及2.3GHz等頻段，計300MHz之頻寬，2015年前提供4G服務使用頻率總計847MHz之頻寬。

英國4G服務使用頻率包含既有頻段及新增頻段。前者爲900MHz、1800MHz及2.1GHz等頻段，計354MHz之頻寬；後者包含800MHz及2.6GHz等頻段，計250MHz之頻寬，爲3G/2.1GHz使用頻率約1.8倍。2015年前提供4G服務使用頻率總計604MHz之頻寬。

澳洲4G服務使用頻寬亦規劃至2020年，其使用頻率之既有及新增頻段均與英國相同，而既有頻段之頻寬小計380MHz，新增頻段之頻寬小計378MHz，2015年前提供4G服務使用頻率總計758MHz之頻寬。綜觀該三國4G服務既有及新增頻段之頻寬以美國最高，澳洲居次。

至於日本目前行動通信服務開放頻率爲800MHz、900MHz、1.5GHz、1.8GHz、2.1GHz及2.5GHz等六頻段，頻寬計435.9MHz（含BWA服務之頻寬），其中2.5GHz等頻段爲BWA服務使用。因應未來行動寬頻服務之頻譜需求，總務省於2010年擘劃2015/2020年頻譜需求計劃，主要重點爲2015年釋出300MHz以上之頻寬予行動通信服務及感知網路（Wireless sensor network）系統，2020年釋出1,500MHz以上之頻寬，以引進4G服務，暨促成飛機、船舶與火車上使用行動寬頻服務發展之環境。有關英國、美國及澳洲2015年4G服務使用頻率之頻段及頻寬比較，如表3-13。

感知網路

Wireless sensor network。是由許多在空間中分布的自動裝置所組成的一種無線通訊計算機網路，這些裝置使用感測器協作，監控不同位置的物理或環境狀況（比如溫度、聲音、振動、壓力、運動或污染物）。

表3-13 英美澳2015年4G服務使用頻率之頻段及頻寬比較

頻段		美國		英國		澳洲	
		頻段區塊（MHz）	頻寬（MHz）	頻段區塊（MHz）	頻寬（MHz）	頻段區塊（MHz）	頻寬（MHz）
既有頻段	700MHz	698～704+728～734 704～710+734～740 710～716+740～746 746～757+776～787 716～722 722～728	70	–	–	–	–
	800/850MHz	835～845+880～890 846.5～849+891.5～894	50	–	–	–	–
	900MHz	–	–	880～915 925～960	70	825～845 870～890	40
						890～915 935～960	50
	1.5GHz						
	1.7/2.1GHz	1710～1755+2110～2155	90	–	–	–	–
	1800MHz	–	–	1710～1781.7 1805～1876.7	144	1710～1785 1805～1880	150
	1.9GHz	1850～1910+1930～1990	120	–	–	–	–
	2.1GHz	–	–	1900～1980 2110～2170	140	1900～1980 2110～2170	140
	2.6GHz	2496～2690	194	–	–	–	–
	其他	–	20	–	–	–	–
	小計		547		354		380
新增頻段	TV頻段	VHF/UHF頻段（註1）	120	–	–	–	–
	700/800MHz	758～763+788～793（註2）	10	791～821 832～862	60	703～748 758～803	90
	MSS頻段	1525～1559+1626.5～1660.5 2000～2020+2180～2200 1610～1626.5+2483.5～2500	90	–	–	–	–
	2GHz	1915～1920+1995～2000 2020～2025+2175～2180 2155～2175+1755～1780	60	–	–	–	–
	2.3GHz	2310～2320+2350～2360	20	–	–	2302～2400	98
	2.5/2.6GHz	–	–	2500～2690	190	2500～2570 2620～2690	190
	小計		300		250		378
	合　計		847		604		758

註1：目前無線電視服務使用頻率之頻寬，計294 MHz。

註2：美國於2008年拍賣700 MHz頻段時，全區執照758～763＋788～793 MHz頻段一張，須適用公部門與民間協力（public/private partnership）之規定，即得標營運商負有建置公共安全寬頻網路等義務，致當次該唯一全區執照流標。

資料來源：ACMA, 2011/12; 2011/03; 2010/01; FCC, 2011/06; 2010/03; 2007/11; BIS, 2010/12;TTC整理

4G服務執照比較

由於我國目前尚未釋出4G服務執照（預定於2013年底釋出），在此特別舉美國、英國、日本及澳洲說明其4G服務執照核發及或規劃事宜。

美國FCC經驗顯示，近年來行動通信服務使用頻率重新指配之所需時程，自監理機關開始規劃作業至釋出予營運商約爲6至13年；如再加上營運商建置網路的時間，前置時間需要更長。有鑑於此，FCC早於2007年之前即展開700 MHz數位紅利頻段相關釋出作業，並於2008年3月完成拍賣程序，該次核發執照數計1,090張。至於英國及澳洲目前正進行4G服務使用頻段釋出作業。

其中，在投標資格方面，美國、英國、日本及澳洲皆開放既有業者及新進業者均可投標。至於保護新進業者措施方面，僅英國含有本項措施。其主要原因爲英國目前市場集中度已相當高，以2010年爲例，4家營運商的前三大業者之用戶數市場占有率高達93%，爰納入保護新進業者措施，以避免市場集中度更加提高；即800MHz及2.6GHz頻段分別保留2×5MHz及2×20MHz之頻寬，限H3G及新進業者始得投標。而日本釋出4G服務頻段時，並未有新進業者申請。

另外，考量促進市場有效競爭，英國尚有個別業者持有頻率之頻寬上限規定，即1GHz以下頻段及所有頻段之頻寬上限分別爲2×27.5MHz及2×105MHz（含目前既有頻率之頻寬，但不包含尚未商用之2.1GHz非對稱頻段）。（註）有關美國、英國、日本及澳洲4G服務執照比較，如表3-14。

註：目前英國營運商Everything Everywhere、Vodafone、Telef　nica UK及H3G持有對稱頻率之頻

寬，分別為2×65MHz、2×38.5MHz、2×33.5MHz及2×15MHz。各營運商現階段所持有對稱頻率之頻寬，皆未達前開上限。

表3-14 美國、英國、日本及澳洲4G服務執照比較

項目	美國	英國	日本	澳洲
核發年度	2008/3/18	2012年12月	2009/6/10	預計2013年4月
核發方式	拍賣	拍賣	指配	拍賣
執照張數	分區1,098張、全區1張（註2）	至少4張	4張	700MHz全區至少1張、2.5GHz分區至少9張
投標資格	既有/新進	既有/新進	既有/新進	既有/新進
頻段	700MHz	800MHz/2.6GHz	1.5/1.7GHz	700MHz/2.5GHz
頻寬	2×11MHz /2×6MHz /6MHz 2×5MHz（全區）	2×5MHz倍數	15/10MHz	2×5MHz
個別業者持有頻寬上限（註1）	–	1GHz以下頻段之頻寬上限：2×27.5 MHz；且所有頻段之頻寬上限：2×105MHz。	–	–
保護新進業者措施	X	Y	X（新進業者未申請）	X
取得業者/提供4G服務業者	2012年5月8日止，計有MetroPCS、Verizon、AT&T等10家業者已提供LTE服務。	–	NTT DoCoMo（註3）（15MHz/1.5GHz） KDDI（10MHz/1.5GHz） SoftBank（10MHz/1.5GHz） eAccess（10MHz/1.7GHz）	–
備註（2G頻段）	–	歐盟於2012年2月15日通過2G 900/1800MHz頻段，須於2012年底前開放提供4G服務。	2012年7月重新指配。	2G頻段（890～915/935～960MHz）預計拍賣既有/新進業者或指配既有業者等方式提供4G服務，並預計2012年第2季至2014年第2季間定案。

註1：含既有對稱頻率之頻寬。
註2：該次拍賣得標執照計1,090張。其中，D頻段全區執照（758～763＋788～793MHz）附有「適用公部門與民間協力（public/private partnership）」之規定，即得標營運商須負有建置公共安全寬頻網路等義務，致使唯一投標廠商Qualcomm以遠低於底價投標而流標。FCC考慮未來釋出該執照，並修正部分規定。
註3：NTT DoCoMo亦於2.1GHz頻段提供LTE服務。

資料來源：ACMA, 2012/02; 2011/12; 2011/05; FCC, 2010/03; 2008/04; GSA, 2012/05; ITU/總務省, 2012/04; Ofcom, 2012/07; 2012/01;TTC整理

3-7
臺灣4G頻段釋出計畫

隨著智慧型手機等行動裝置逐漸普及，行動數據流量呈倍數成長趨勢，全球各電信監理機關陸續釋出行動寬頻業務所需頻率或執照。我國於2012年8月經行政院會議決議指示，將於2013年在「技術中立」原則下，釋出4G行動寬頻業務執照；釋出頻段包含700MHz及行動通信業務執照屆期收回GSM 900MHz、1800MHz等三個頻段，上下行各45MHz、30MHz及60MHz，合計總頻寬爲135MHz×2(上下行×2)。

頻譜釋出上下限

許多國外電信監理機關爲了避免少數業者壟斷頻譜資源，於釋出頻譜時設定總量上限，以達公平競爭原則。國家通訊傳播委員會(NCC)在此次釋出頻段的計畫中，也同樣限制單家業者可標得區段頻譜之上限，且下限將以「2個5MHz」及「3個5MHz」爲單位，意即最低競標的頻譜單位將以10MHz及15MHz作爲最小拍賣門檻下限，避免頻譜過於零碎。

除了頻譜上下限總量管制，NCC針對1GHz以下的700MHz及900MHz兩個頻段的黃金頻譜，也將限制單家業者可標得區段頻譜上限。原則上，700MHz、900MHz一家各只可以拿下10～15MHz，但可同時取得兩個頻段的頻譜，1800MHz頻段的頻譜則不限制總量上限，但700/900/1800MHz三段頻譜合計，不得超過總量上限，也就是初擬的35MHz，以避免1800MHz被少數業者壟斷頻譜資源。

已經公告釋出的頻譜698MHz～806MHz將以FDD上下行對

稱的方式進行釋照以外，未來有關2600MHz與1900MHz以及3G頻段的釋照則將視國際發展情況進行釋出。

4G釋照時程

此次4G釋照，國家通訊傳播委員會(NCC)首創採取多回合競標拍賣制，亦即頻譜不會一次拍賣定案，而是採兩輪競標，廠商得先出價標下頻譜、確定可以拿下700/900/1800MHz頻譜數量之後，第二回合競標再出價確定頻位，以建立頻譜資源釋出公平及公正性。

在4G釋照時程方面，國家通訊傳播委員會將於2013年7月正式受理申請，9月完成資格審查程序並進行競價程序，預計同年11月底公布得標廠商，如表3-15。NCC後續也將針對4G釋照擬定「行動寬頻業務管理規則」，內容將包括限定各家業者競標頻譜的頻寬總上限，競標規則、以及實際發出執照張數。

表3-15　我國4G釋照時程

時間	期程
2013年7月	正式受理申請
2013年9月	進行競價程序
2013年11月	公布得標廠商

由於政府4G釋照的兩大目標是順利完成釋照工作並發展更多加值服務，屆時電信業者應可提供更多不同的加值服務及創新商業模式，例如發展透過4G下載付費的微電影，開創文創產業全新的商業模式。原本應用在2G技術的頻譜有機會提早轉換至4G LTE技術，預估2014年1月將可啓動LTE網路建置，電信業者最快可於2015年推出LTE服務，4G LTE時代可望提早來臨。

國家通訊傳播委員會
（National Communications Commission，NCC）

隨著全球性之數位匯流發展及監理革新趨勢，世界先進國家都會成立主管通訊傳播相關權責機關，例如英國於2003年成立通訊管理局（Office of Communications，OFCOM）、美國於1934年成立聯邦通訊委員會（Federal Communications Commission，FCC）、香港於2012年成立電訊管理局（Office of the Communications Authority，OFCA）等，以整合各國現行之通訊及傳播分散之事權，國內的國家通訊傳播委員會(NCC)即是主管國內電信通訊與傳播相關之權責機關，於2006年2月22日成立。

表3-16 NCC四大施政目標

施政目標	說明
促進匯流	推動數位化帶動產業發展；鼓勵新技術及創新服務；因應匯流整備資源及制修法規。
公平競爭及健全產業發展	促進跨平臺競爭；監理重心逐步移至批發服務市場，落實行為管制；因應科技進步修正競爭相關法規。
維護國民權益及保護消費者	提升通訊傳播服務品質；維護民眾收視聽權益；保障弱勢族群近用通傳服務權益；建立消費者利用通訊傳播服務之安全機制與風險防止意識。
多元與普及的通傳近用環境	推動傳播及電信之普及服務；媒體自律與公民監督；維護電波秩序。

近三年來，在持續努力推動各項施政措施後，NCC已有相當多的施政成果，列舉重要施政績效如下：

表3-17 NCC重要施政績效

完成高抗災通信平臺之建設	配合打擊電話詐騙犯罪
調降電信資費	強化防制垃圾郵件跨國合作
促成市話撥打行動通信網路訂價權回歸發信端業者	擘劃數位匯流法規藍圖
強化傳播內容申訴機制	完備通訊傳播相關法規

加強監理電視消費資訊型節目	加速無線電視改善站建置，完成數位轉換
推動通訊傳播普及服務	補助低收入戶安裝數位無線電視機上盒
分區分階段關閉類比無線電視	推動建置偏鄉地區緊急災害通報專用無線電通訊系統
取締非法廣播電臺	主辦APEC TEL第41次國際會議
推動公視高畫質電視	推動資通設備資通安全檢測
建置頻率資料庫查詢系統	推動電信業者導入資通安全管理機制
推動行動通信電磁波正確知識宣導活動	推動網際網路反駭客偵測與資安通報機制
宣導正確使用業餘無線電機知識	訂定有線廣播電視系統節目廣告音量標準

頻寬的提升帶動電信服務的多元化；

技術的進步帶來人類生活的便利性；

無線的時代，是否將引領我們走進無限的世界……

4 Limitless

無線，無限

行動通信在技術、標準上的發展日新月異，隨著不斷的演進與突破，不僅提升了應用服務品質，許多新興的應用服務也因而得以實現，萬物彼此互相連結的「網路型社會」正逐漸席捲全球，改變著人們的生活型態、商業模式與社會的未來。

網路型社會將帶給我們什麼樣的變化呢？

在個人方面，透過網路購物、視訊、彈性地點工作，將可以節省交通時間與金錢；藉由監控關懷系統，也能夠隨時隨地掌握家人的安全。企業方面則可因員工的彈性地點上班節省辦公室成本，或藉由與廠商資料處理系統的連結提高生產力。而網路即時服務、線上退稅、線上投票等新型態施政，不但可提高政府效率，也能有效降低行政成本。在教育面向上，無遠弗屆的線上教學將可消弭城鄉差距，讓教育更普及；師生藉由互動白板、串流影像進行研討，更能提高教學品質。除此之外，網路型社會也將提供弱勢族群更良善、周全的環境，例如：閱讀能力弱的年長者或視障者可透過網路多媒體接收外界訊息，或者不方便出門的身障者也可因網路無工作地點限制的特性取得工作機會。

然而，在邁向全球網路型社會之前，各國在行動寬頻通訊上諸多分歧的頻譜配置須先作一致性的規劃，以降低系統頻帶邊界干擾，與避免因國與國間的頻譜配置不同，導致服務中斷或徒增協調上的困難。

且讓我們抱持無限的想像，迎接無限的未來。

4-1
LTE帶來的未來應用服務發展趨勢

由於目前行動通信業者的營收來源仍以傳統的語音、簡訊與行動數據等應用服務爲主，隨著4G行動通信系統帶來高效率容量及速度支援時，營運商可以在充分利用行動寬頻服務的機會，提供各種嶄新的應用服務滿足所有（電腦、智慧型手機與平板電腦）用戶的需求。

因此，Gartner於2012年行動加值應用服務的分析報告預估，包括：機器對機器之間通訊（M2M）、行動應用軟體商店（Mobile Application Store）、行動電視（Mobile TV）、消費者適地性服務（Consumer Location-Based Services）、行動行銷（Mobile Advertising）、行動支付（Mobile Payment）與行動遊戲（Mobile Games）等行動加值應用服務，如圖4-1所示，將可爲電信業者營收帶來1.69%至0.08%不等的潛在貢獻。

Gartner
創立於1979年，是美國一家從事資訊技術研究、分析與顧問諮詢的公司，總部位於康乃狄克州的史丹福。

圖4-1 2012年行動加值應用服務預估

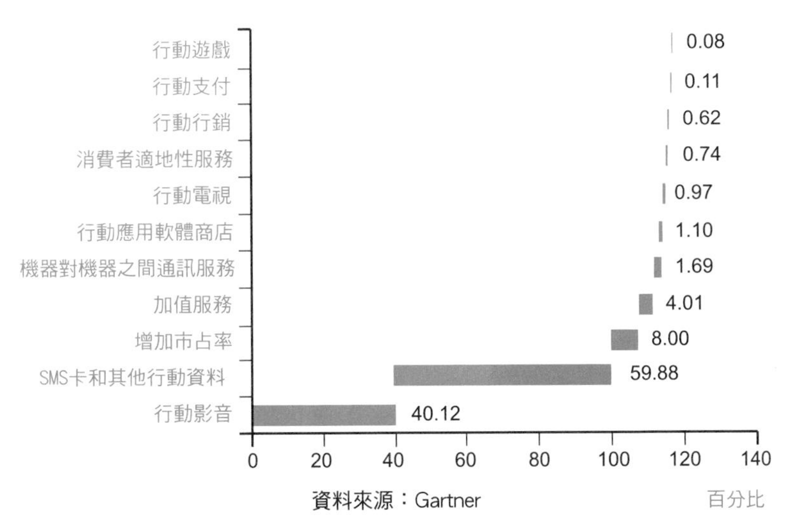

資料來源：Gartner

機器對機器（M2M）服務

隨著全球行動寬頻如火如荼的發展、網際網路全面行動化、以及雲端運算的廣泛應用，通訊技術與資訊技術正以前所未有的速度融合，不僅改變人們的溝通及生活方式，也帶動機器對機器通訊的蓬勃發展。

物聯網（IoT）最早的緣起是在1999年由美國麻省理工學院的Auto-ID研究中心，首先提出將無線射頻辨識系統（Radio Frequency IDentication，RFID）嵌於各式各樣物品，透過網際網路使得物品可以互相通訊。2005年國際電信聯盟（ITU）更進一步提出物聯網的概念，指出人與人之間、人與物之間及機器對機器之間，不論何時、何地、任何裝置皆能透過網際網路相互聯繫進行資訊交換，而機器對機器通訊便是其中最重要的關鍵技術。

無線射頻辨識系統
Radio Frequency IDentication，簡稱RFID。由一個或多個讀取/查詢器與收發機所組成具有自動識別與資料擷取的系統，並以電磁輻射方式傳輸與接收資料。

隨著市場對行動寬頻應用服務的需求提升，2011年3GPP在TS 22.368 Release 10規範中也定義了機器型態通訊（Machine Type Communication，MTC），也就是機器對機器通訊的相關標準，使得機器對機器通訊成爲未來網路技術之趨勢，並將衍生各種新興應用的商業模式。

根據2012年6月愛立信全球行動流量與市場數據報告顯示，2008年時全球擁有40億行動電話用戶，而在未來五年內，2017年時此一數目將倍增爲90億的行動用戶。行動連結不只限於手機，各式手持裝置及行動電腦也是重要連結平臺，同時M2M更將成爲連結主流之一，各式智慧設備（例如醫療裝置）也將具有連網能力。愛立信並預測2020年時全球將有500億部連網裝置串起智慧物聯網，爲產業、社會與個人帶來更多創新機會。

在此一背景需求下，未來十年內全球寬頻市場，無論是針對國家、企業或個人，都將呈現強勢成長態勢。

M2M技術應用非常廣泛，如表4-1所示。無論是用於智慧型水電瓦斯表、企業/個人安全監護、存貨管理、車隊管理及健康照護等，即時監控資訊更有助於企業部署新式以視訊爲基礎的安全系統，或是醫院專業人員得以進行遠端看視病患病情，過去無法直接連結網路的應用及終端裝置，諸如家電、汽車、水電瓦斯表及販賣機，現在皆可運用M2M技術而連結上網。

表4-1 M2M服務應用的類型

服務類型	M2M相關應用	
安全	監控系統	車輛與駕駛安全
	備用電話	實體接取控制（例如建築物接取）
追蹤和跟蹤	車隊管理	導航
	訂單管理	交通資訊
	計程付費	道路收費
	資產追蹤	交通流量最佳化與導引
付費	銷售點	遊戲機
	自動販賣機	
健康	監測生命體徵	老年人或殘障人士輔助
	遠端診斷	遠端醫療網路接入點
遠端維護與控制	感應器	電梯控制
	照明	自動販賣機的控制
	幫浦	車輛診斷
	閥門	
量表	電源	暖氣
	瓦斯	柵級控制
	水	工業量表
消費者設備	數位相框	電子書
	數位相機	

資料來源：ITRI

此外，M2M技術也可應用在工業/家庭/個人的遙感（sensing）、通信、計算、控制，以及智慧電網（smart grid）、智慧家居（smart home）、電子醫療照護（e-Healthcare）、智慧交通（intelligent transportation）以及遠程監控（remote monitoring）等，進一步帶動跨領域產業的創新，如圖4-2所示。

圖4-2 M2M的帶動廣泛的應用

資料來源：ITRI

M2M的網路架構主要可分爲三層：最下層爲「感知層」，是由各種資訊擷取與識別的感知元件所組成；中間爲「網路層」（Network Domain），即各類無線傳輸技術；最上層爲「應用層」（Application Domain），即物聯網的各種應用領域，例如：環境監測、城市管理等。而介於網路層與應用層間存在一個子層爲「應用支援層」，主要負責提供各種類型的平臺，來串聯各種傳輸網路和應用服務，如圖4-3所示。

圖4-3 M2M的網路架構

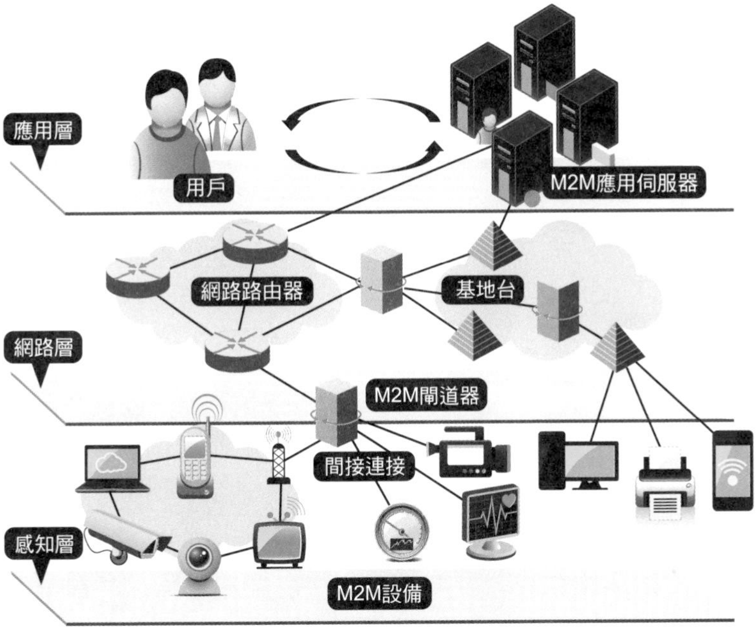

資料來源：ITRI

M2M帶來之智慧生活

2009年高雄世界運動會（簡稱世運）即曾經導入以M2M通信技術為核心的智慧型車輛派遣系統，有效紓解世運場館大批人潮。

這個系統整合了全球衛星定位系統（GPS）、M2M自動調度派遣與地理資訊系統（GIS）等先進技術，包含最前端的GPS訊號發射與接收系統，透過全球行動通訊系統（GSM）和整體封包無線電服務（GPRS）傳遞的車機專屬**虛擬私有網路**（Virtual Private Network, VPN），以及最終端的管理平臺。

傳統的車輛派遣多為乘客致電客服中心，再由客服中心以人工媒合最適當之空車進行接送。結合M2M的智慧型車輛派遣系統運作模式則是：乘客致電客服中心時即透過所使用之GPS手機清楚定位所在位置，再透過GPRS、GSM之協助，將乘客所在位置傳送至自動派車系統，而自動派車系統在尋得最適車輛後，會再將乘客位置、目的地等資訊傳至該車輛，並為駕駛者規畫最佳行駛路線。

展望未來，在網路頻寬更大、速率更快、技術更成熟之下，M2M在車輛的應用服務將可愈多元化，例如：內建於車輛上的油箱感測器，可以在油量低於預設值時，即啟動網路連結，透過GPRS、GSM之協助，即時找出最近的加油站，並為駕駛者規畫最佳行駛路線，並能將行動模組嵌入油箱中，支援移動觸發的視訊監控系統，以防止盜竊。

虛擬私有網路

Virtual Private Network，簡稱VPN。提供企業用戶透過數據專線在專屬寬頻網路上建構企業私有網路，可整合國際與國內語言傳真數據等資料通訊傳輸，以節省經費，提升效率，也就是一種用戶能經由連結不同網路交換機建立私有網路的系統配置。

M2M的演進歷程，類似於行動終端裝置由2G進化至3G及4G。依據2012年的Cisco VNI報告指出，2011年至2016年間全球物聯網訊務量將成長22倍，複合成長率預計達86%。2016年全球物聯網訊務量占行動數據訊務量比重，預估將由2011年4%提高為5%，如圖4-4所示。若依地區別觀察，2011～2016年亞太地區物聯網訊務量將領先全球，複合成長率預計達88%；同期間，以中東非洲地區物聯網訊務量成長力道最強，複合成長率預計高達90%。

圖4-4 2011～2016年全球物聯網訊務量預測

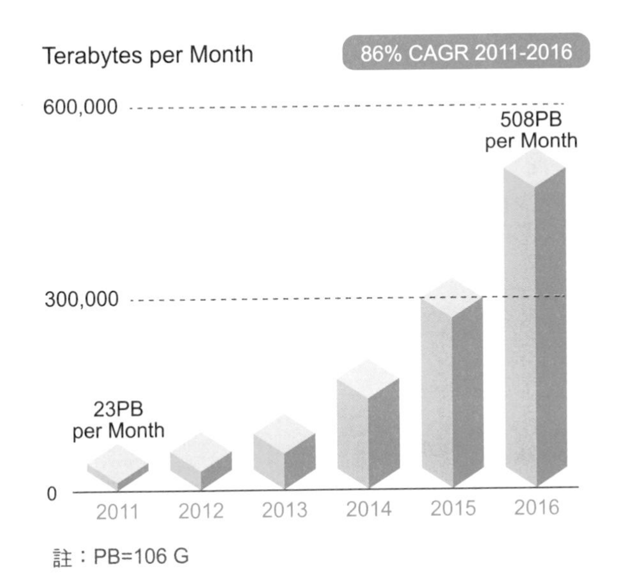

資料來源：Cisco, 2012/02

由於2G網路難以處理同一區域內高密度連網裝置傳輸的情形，爲因應M2M相關應用服務的即時傳輸大容量檔案，或終端設備免複雜設定開機就可上網，以及高速連線的需求，第四代行動通信系統被認爲是未來連網裝置的發展基礎。

此外，根據市場研究公司Yankee Group的分析，未來三大趨勢將驅動M2M朝向4G的網路，包括：

- 由於電信營運商勢必重新利用2G頻段以支援先進網路，因此M2M連接將可用於更具效率與安全的先進網路。
- 4G網路具有更佳的行動性及較高的頻寬，對於多媒體數位電子看板、行動健康照護及安全防護等應用服務而言是相當重要的需求。
- 4G技術驅動次世代分層的M2M應用服務：4G支援更強大的連接性能，將允許M2M的發展，由過去僅支援單種用途且簡易的應用服務，演進到利用一個連接而能有多種用途的特性。

未來M2M需求的發展被認爲是一塊重要且新興的領域，對行動通信網路來說，更擁有潛在的顯著影響力。雖然現今許多應用程式多爲單一目的/用途，例如車用資通訊系統（telematics）解決方案的建立是爲了追蹤車輛和引擎性能，以及運用一個簡單的遠端監控解決方案來量測車輛油箱的儲存。然而，隨著4G技術提供的高頻寬特性，企業將能運用一個單一的連接來提供分層（layer）的應用服務。例如，將一個LTE行動模組嵌入油箱中，即能支援移動觸發的視訊監控系統，以防止盜竊。Yankee Group也預估，儘管目前2G爲行動M2M的主導地位，但4G技術勢將在M2M部署上，扮演舉足輕重的角色。

不過，值得特別留意的是M2M未來也面臨幾個挑戰。首先，M2M與傳統網路最大之不同在於大量設備傳輸（Mass device transmission），因爲大量設備傳輸勢必使得電信業者的網路頻寬面臨挑戰。此外，M2M傳輸的可靠度，特別是在居家的環境，因爲這些設備的傳輸訊號必須克服路徑耗損（path loss）與牆壁穿透耗損（wall penetration loss）才能傳送到應用伺服器端，對於低功率耗損要求之電子設備則是另一項挑戰。

路徑耗損

path loss。路徑耗損受到距離與電波頻率的影響。距離越遠或頻率越高，則路徑損耗越大。

行動雲端（Mobile Cloud）

近年來，雲端運算被視爲在網路上傳送軟體服務的新方法。以軟體即服務（Software as a Service, SaaS）爲例，過去五年來被視爲在網路上執行運算之軟體應用服務的新概念，並以IT服務爲主。SaaS可定義爲一種軟體供應的模式，即服務業者將其代管的應用程式，透過網際網路提供「虛擬應用程式」軟體予客戶，並按使用次數計費。由於在電信領域中，通常以一朵雲來簡化示意電信網路的架構，因此「雲端」這個新名詞代表著具有「線上」或「經由網路傳輸」等特性的軟體即服務。隨著所有運算處理轉移至網路進行，雲端運算將徹底改變目前的PC、平板電腦與智慧手機使用寬頻與行動應用方式，讓使用者體驗更爲簡易的連網環境，如圖4-5所示。

軟體即服務

Software as a Service，簡稱SaaS。目前不論是軟體廠商或是企業，乃至於市場調查機構，都無法精準定義SaaS，但是普遍都有一個共識，認為「SaaS就是透過網路提供商業應用軟體的一種新興服務模式」，其中，軟體與資料存放在提供者端的應用模式，更成為SaaS的重要特色。

圖4-5 雲端概念示意

資料來源：Wikimedia

行動雲端係指透過行動網路將終端裝置連結至雲端設備，進行資料儲存、虛擬化商業平臺的發展及軟體的服務應用。用戶只需綁定帳號，在不同的行動終端藉由雲端，進行軟體、資料同步化的動作，降低資料遺失的風險，提升資料、軟體存取的便利性。未來從智慧型手機查詢家裡的電力瓦斯電表，透過平板電腦確認家中的洗衣機是否關好，當所有加上智慧的大小機器都變成屬於行動運算的一部分，加上與網際網路以及雲端運算的結合，將會徹底改變目前所有使用者的生活與使用及溝通方式，也將釜底抽薪般地改變資訊產業生態與帶來價值鏈的重新分配。

重點提示

「雲端」代表著具有「線上」或「經由網路傳輸」等特性的軟體即服務（SaaS）。

由於過去行動終端裝置受限於記憶體容量及傳輸速率等因素，致使在媒體應用服務受到限制，然而，Netflix、YouTube、Pandora及Spotify等媒體供應營運商運用雲端應用服務，克服了行動終端裝置在記憶體容量不足及處理能力之限制。以每月數據使用量8GB的智慧型手機用戶而言，從雲端所串流的視訊與音樂流量，將比自己儲存於終端設備使用更多的內容。根據2012年CiscoVNI的報告指出，一個智慧型手機用戶使用Netflix、Pandora及Facebook的影音服務所產生的流量，將比僅收發Email及瀏覽網站多2倍的訊務量，如圖4-6所示。

由於網際網路視訊服務可納入雲端應用，使得行動雲端商機更具爆發力。此外，CiscoVNI報告也指出，2016年全球行動雲端服務訊務量占行動數據訊務量比重，預估將由2011年45%大幅攀升為71%；換言之，2011年至2016年間全球行動雲端訊務量將成長28倍，複合成長率預計高達95%。

圖4-6 智慧型手機使用媒體應用之流量累加示意圖

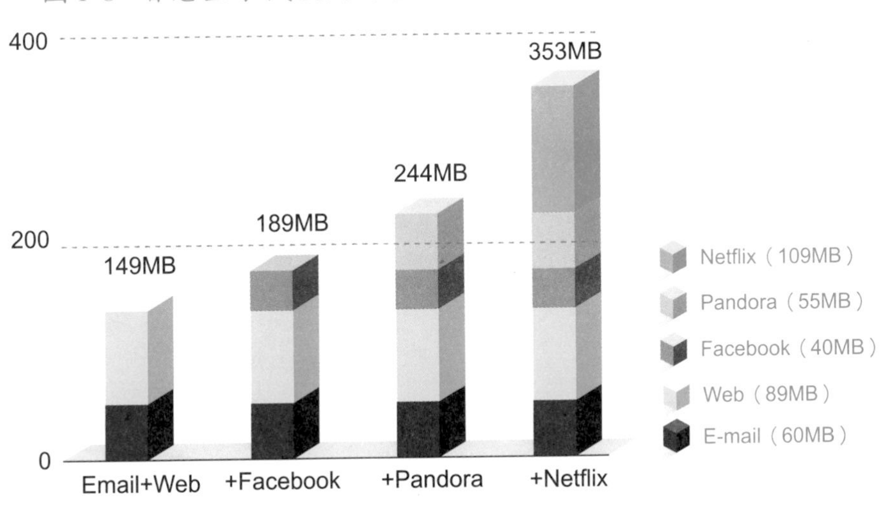

資料來源：Cisco VNI, 2012/02

ITU-T

國際電信聯盟標準化組（ITU Telecommunication Standardization Sector，簡稱ITU-T）。是國際電信聯盟轄下專門制定遠端通訊相關國際標準的組織。

根據ITU-T於2012年2月的雲端運算研究報告指出，雲端運算將為行動用戶帶來下列的好處，如表4-2。

表4-2 雲端運算對行動用戶之優點

優點	說明
最佳化及快速地供應	雲端服務可達到立即透過網路提供最新服務。雲端服務也提供多重用戶使用最佳的應用軟體處理工業或商業的流程，或使整個系統更易於使用。
任何終端設備隨處上網應用服務	任何人皆可透過桌上型或行動終端設備接取線上服務；換言之，雲端服務可支援使用者服務移動性，且使企業利於全球各地進行業務。
按次計費	雲端服務的重大前置支出為購置硬體設備及其維運成本，之後使用者僅須就其使用部分付費。換言之，業者收費方式為實用實付模式，類似於隨選服務業者的訂閱收費方式。
轉換成本低	如客戶不滿意，只要換約、移轉資料及再教育使用者，即可很容易地轉換至其他解決方案。此不同於就地部署（on-premise）的模式，其通常需大量投資於個別客戶系統、可能無法收取新授權使用費或須歷經耗時的轉換過程。
確保重要資料	雲端運算讓使用者更容易執行異地備份及儲存重要資料，以利業務進行。甚至，面臨大災害（諸如地震、海嘯、水災、颶風、颱風）時，可立即接續而不致中斷業務。

資料來源：ITU-T, 2012/02；TTC整理

依據Juniper Research報告指出，2009～2014年行動雲端服務市場成長幅度，預計高達約90%。另外，依據ABI報告指出，2015年行動雲端服務企業用戶數預計超過2.4億戶。

目前臺灣主要電信業者在行動雲端的布局，針對個人與企業用戶的不同需求，提供不同的商業模式。例如，在個人方面以行動雲端儲存及連結社交功能的雲端影音分享爲主。在企業方面則以行動雲端辦公室、行動雲端網站及交通、醫療等各種行動雲端的服務應用爲發展方向。

此外，由於行動雲端能讓用戶比一般智慧型手機有更可靠的應用程式，及更高等級的安全措施。不同於一般的行動應用程式，行動雲端應用程式運算係在雲端的伺服器。同時，應用程式資料亦在雲端，並透過3G、4G或Wi-Fi網路傳送至行動終端裝置。使用者透過其行動終端裝置接取應用程式及瀏覽資料。然而雲端間資料傳輸時的資訊安全、延遲及網路頻寬等課題，亦是未來行動終端裝置所關注的課題。

適地性服務（LBS）

近年來，由3GPP所開發的LTE技術帶動許多廣泛的應用服務，不僅強化網路服務品質（Quality Of Service，QoS）與提高資源使用的效率，提供了彈性的頻譜使用，更能夠支援各類新型服務進而衍生新商機。其中，運用高度精確度無線終端設置的定位應用服務，也不斷地開發與改善，提升了使用者滿意度，也創造了許多智慧型服務的商機。

定位是一種應用在處理所在地理位置的終端設備，諸如行動電話、筆電、平板電腦、PDA、導航或追蹤設備。一旦終端設備的座標被建立，即可指出所在地點，例如：道路、建築物、公園或標的物等，並回應服務要求的定位資訊。地點對照功能及遞交定位資訊是地理位置服務（Location Services，LCS）的部分功能，其他諸如緊急救援服務也仰賴此功能。這種運用定位資料來對應於感知地點的服務，以及提供客戶感知地點的加值型服務，被稱爲適地性服務（Location-Based Services，LBS）。適地性應用服務範圍也正快速的擴展中，例如：當地氣象預報、目標型廣告（targeted advertising）、公共汽車到站預報、協尋標的物的所在位置，如用戶的汽車鑰匙。

目前在日本與歐洲的服務提供商已有推出LBS服務，包括：日本NTT DoCoMo的i-mode於2001年7月推出一套自動化適地性服務，其位置資訊是依據區域細胞站臺資料，無線設備的位置精確度大約在100到200公尺內。瑞典的行動業者Telia Mobile也使用基於GSM系統的行動定位技術提供適地性服務。另外，有些電信業者，如NTT、Telenor、NetCom、Vodafone和O2也委由第三方業者提供適地性服務。

一、定位服務需求攀升

無線網路定位服務有其挑戰性，其主要原因爲使用者有移動性，及環境與無線電信號皆屬動態性質。定位服務品質之界定，通常以精確度、信賴水準及回應速度爲主。根據Ericsson定位技術白皮書的報告指出，從目前定位服務的趨勢顯示，使用者、網路營運商、服務提供業者及監理機關對定位服務之要求，包括：

- 更準確及更可靠的定位，針對商業和非商業服務。
- 降低從觸發到顯示定位結果的延遲時間。

・不因農村和城市、室內和室外的環境影響定位準確度。

・更具彈性的QoS以支援多樣化的定位服務。

・緊急救援服務之精確定位及改善定位性能，以符合監理機關要求。

定位服務的需求量從用戶的角度而言，使用者通常會希望定位應用服務，無論在任何地點，無論是靜止或移動中皆能啓用。此外，使用者更預期無論室內或室外、都會區或郊區，甚或旅行中，定位服務都能獲得相同的效果。

以商業觀點而言，不同的應用服務需求有各種不同程度的精確度。隨著多元的應用服務及各式各樣終端裝置的快速成長，LTE具有的高頻寬、高容量及低延遲的特性，展現不同以往的無線接取標準，能支援更高階的應用服務要求及開發先進的應用服務，並符合定位服務品質的要求，以提供使用者各種定位技術的最佳方案。

由電信營運商觀點而言，提供多樣的商業服務以符合使用者需求，並有效地管理網路資源是至爲重要的。爲達成此目標，電信營運商須擴大電波涵蓋的範圍及部署具成本效益的解決方案。再者，電信營運商亦須遵循監理機關之規範，以確保發生急難救援時有可靠的定位支援，諸如北美E911及歐盟E112相關規範。

二、LTE的定位技術

重點提示

定位是應用在處理所在地理位置的終端設備，諸如行動電話、筆電、平板電腦、PDA、導航或追蹤設備，並回應服務要求的定位資訊。

依據3GPP TS 36.355 Release 10規範，LTE定位技術主要有輔助全球導航衛星系統（Assisted-Global Navigation Satellite System，A-GNSS）、強化型細胞識別碼（Enhanced-Cell ID，E-CID）及信號抵達時間差異（Observed Time

Difference of Arrival，OTDOA）等三種。其中，A-GNSS爲LTE定位的主流技術，當環境條件不適用GPS定位技術時，其他的定位技術即可輔助的使用。分述如表4-3。

表4-3 LTE的定位技術

技術名稱	英文名稱	技術說明
輔助全球導航衛星系統	Assisted-Global Navigation Satellite System（A-GNSS）	使用全球導航衛星系統（即GPS衛星系統），使用者設備須由4顆衛星定位，並將接收資訊透過網路計算取得使用者設備所在位置。其計算方法有二：一種是運用使用者設備協助（UE-assisted）定位，即使用者設備所在位置是由網路伺服器計算。另一種是以用戶設備爲基礎（UE-based）定位，即使用者設備所在位置是由使用者設備自己計算。
信號抵達時間差異	Observed Time Difference of Arrival（OTDOA）	利用多個eNB的下行定位參考接收信號到達時間的時間差，並藉由不同時間差的訊號建立幾個雙曲線的交點，確定UE用戶的位置。
強化型細胞識別碼	Enhanced-Cell ID（E-CID）	除了運用目前服務基站所知特定細胞（cell ID）的地理位置，並從信號傳送與接收的時間差所計算出的傳播延遲，和到達角度（AOA）來估計UE的位置。

三網合一（Triple Play）

Triple Play是一種服務的名詞，是指電信網路、網際網路和電視網路三者融合發展，互連互通，爲客戶提供結合數據（Data）、語音（Voice）及影像（Video）等多重服務。

結合影像、語音與數據的Triple Play，爲通信傳播市場注入新的思維與變革。媒體匯流的結果，電信業者與有線電視業者能互跨經營，促使媒體相關產業省思新的傳播生態與營運模式。Triple Play主要基於傳統電信業者與有線電視業者所推出的服務，在數位匯流後電信業者與有線電視業者的服務不再有明顯的分野，例如：2005年NTL與Telewest合併成爲Virgin Media Inc，現在Virgin Media Inc是英國最大的有線電視業者，也是電信業者，提供有線電視、行動電話、室內電話、寬頻上網等服務形式。不只英國的Virgin Media Inc，荷蘭的UPC Netherlands、法國電信、義大利Fastweb等等，皆提供Triple Play的服務，使用戶能多重選擇服務供應商，也允許供應商能做更多的組合銷售。

圖4-7 Triple Play

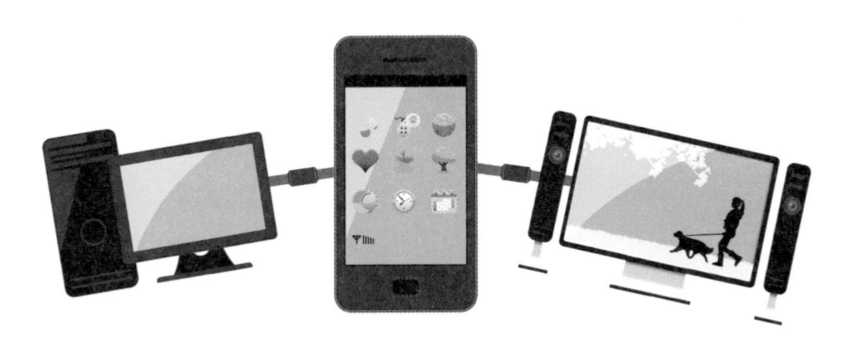

LTE是全IP的行動網路技術，其高傳輸速率的特性不僅可以提供數據傳輸的影音服務，爲了滿足行動通信用戶體驗多媒體廣播服務，3GPP也在LTE Release 9版本上支援進階的多媒體廣播與群播系統（enhanced Multimedia Broadcast and Multicast Systems，eMBMS）的服務技術，以提供即時性廣播與群播服務。雖然最新的廣播技術已可解決行動設備的行動廣播議題，例如ATSC-M/H與DVB-H，但這些技術仍無法與LTE結合支援多重網路介接、增加頻譜效率與支援廣泛行動寬頻服務的行動廣播服務相比擬。此外，LTE的行動裝置數目在未來十年內可能超過數億臺以上，故具有LTE/eMBMS功能的行動裝置可提供的經濟規模，將遠遠大於ATSC-M/H與DVB-H技術所能提供的經濟規模。

數位廣播電視是Triple Play中最占據頻寬資源的服務，特別是在提供高畫質電視（HDTV）服務時。一般而言，高畫質影像最少須達到螢幕長寬比爲16：9，以及輸出畫面格式爲1920×1080i或1920×1080p，因此需要極高的網路頻寬。以H.264壓縮技術，傳輸HDTV大約需要至少10Mbps訊務量的頻寬。由於數位廣播電視的準無誤碼（Quasi Error Free，QEF）水準是在一個小時內，僅能容許一個訊框錯誤，這對數據傳輸來說是相當嚴苛的考驗。但LTE的全IP行動網路技術，結合eMBMS技術，再加上低網路延遲時間，可提供較佳的QoS和QEF水準。

作爲接收數據傳輸的影音服務，例如：YouTube，或非線性節目（隨選視訊），容許預載資料到接收終端設備，LTE可以利用其高傳輸速率、低封包延遲與高系統相容性來提供高畫質的影音服務，LTE的表現也遠超越第三代行動通信系統。Triple Play在語音與數據的服務方面，因爲使用頻寬與穩定性的需求較低，則LTE可以充分表現其高傳輸速率與行動的特性，將可加速語音與數據方面的服務應用。

未來人們對頻寬的需求將越來越大，需要更快的網際網路連線服務，在高畫質數位電視的效果方面，除要求影像畫面的提升以外，更要求聲音的極致表現，並且追求更好的語音服務與通訊品質，再加上商業活動頻繁，Triple Play除了融合為客戶同時提供語音、數據和廣播電視等多重服務外，也同時注重在數位加值服務的開發，主要有互動性服務、數位頻道增加、隨選視訊服務，以及透過無線網路傳輸技術整合其他家電等。而LTE高傳輸速率、低網路延遲特性、高移動性、更廣泛涵蓋範圍與支援多重網路介接等特性，加速生活與娛樂Triple Play的整合應用。

4-2
行動通信服務未來頻譜需求及規劃

未來4G服務訊務量將呈指數型成長趨勢，若無足夠的頻譜資源，即使建置更多基地臺、網路設備及技術升級等方式擴增網路傳輸容量，仍然不足以因應訊務量成長趨勢。因此國際電信聯盟及各國政府主管機關莫不積極展開頻譜的規劃，並指配新增頻段之頻寬，供予行動寬頻服務之用，以有效利用稀有的資源。世界先進國家更將釋出更多頻譜資源提供行動寬頻服務使用，視爲刺激經濟成長及促進創新及創造就業機會之良方。

國際電信聯盟頻譜規劃現況

一、4G服務頻段規劃

由於無線電頻譜的使用如未加以管制，將可能發生妨礙性的干擾。例如不同廣播業者的電臺可能以相同頻率傳送信號，並競相進行發射功率競賽而導致干擾的產生。因此，在全球頻譜的規劃及管理中，國際電信聯盟（ITU）扮演著重要角色。ITU也將全球頻率分類區域，規劃爲三個主要的區塊，如圖4-8所示。

圖4-8 全球頻譜區域分布圖

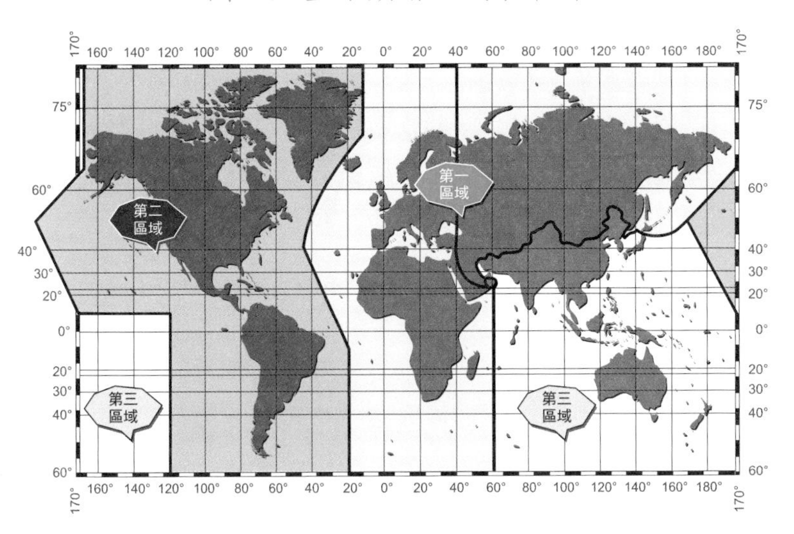

區塊	包含區域
第一區域	歐洲、俄羅斯、非洲與部分中東國家
第二區域	美洲
第三區域	亞洲與大洋洲

此外，頻譜的一致性可形成行動裝置與設備生產之經濟規模，消費者亦可跨國使用行動裝置及服務，進而降低使用的購置成本。因此，ITU於1992年舉辦的世界無線電會議（WRC）中，首先將3G IMT-2000初期的核心頻段規劃在1885MHz～2025MHz和2110MHz～2200MHz等二個頻段，隨後在2000年舉辦WRC-2000年會中，另新增806MHz～960MHz、1710MHz～1885MHz與2500MHz～2690MHz等三個的頻段，以滿足全球行動通信服務的需求。

因應未來4G IMT-Advanced服務需求，ITU在2007年世界無線電會議，進一步通過新增五個頻段於行動通信服務，提供未來行動寬頻服務的使用。同時，ITU於2012年世界無線電會議也通過第1區（歐洲、俄羅斯、非洲與部分中東國家）指配新增694～790MHz頻段予行動寬頻服務使用，以補充該區數位紅利（Digital Dividend）之頻寬，並自2015年生效實施。ITU行動通信服務使用頻段及頻寬，如表4-4。

表4-4 國際電信聯盟行動通信服務使用頻段及頻寬

<table>
<tr><th>年度</th><th>頻段（MHz）</th><th colspan="2">頻寬（MHz）</th></tr>
<tr><td rowspan="2">1992</td><td>1885～2025</td><td>140</td><td rowspan="2">小計230</td></tr>
<tr><td>2110～2200</td><td>90</td></tr>
<tr><td rowspan="3">2000</td><td>806～960*（適用於部分國家）</td><td>154</td><td rowspan="3">小計519</td></tr>
<tr><td>1710～1885</td><td>175</td></tr>
<tr><td>2500～2690</td><td>190</td></tr>
<tr><td rowspan="5">2007</td><td>450～470</td><td>20</td><td rowspan="5">第2區小計428
第1、3區小計392</td></tr>
<tr><td>698～806*（適用於第2區）</td><td>108</td></tr>
<tr><td>790～862*（適用於第1、3區）</td><td>72</td></tr>
<tr><td>2300～2400</td><td>100</td></tr>
<tr><td>3400～3600*（適用於部分國家）</td><td>200</td></tr>
<tr><td>2012</td><td>694～790*（適用於第1區）</td><td>96</td><td>小計96</td></tr>
<tr><td colspan="3">合計</td><td>1,177（第2區）
1,237（第1、3區）</td></tr>
</table>

註：*表示該頻段有區域差異。

資料來源：TTA, 2011;TTC整理

二、2020年頻譜需求規劃

鑑於寬頻網路對資訊經濟社會發展及強化國際競爭力之重要性，並因應未來行動寬頻訊務量將呈爆炸性成長，ITU規劃2020年頻譜需求，以促進應用及內容服務發展。ITU依不同國家市場發展情形及使用技術配置的差異，分別估計市場規模較大者、市場規模較小者、2G/3G服務及4G服務等不同頻譜需求。ITU預估2020年2G/3G及4G服務頻譜需求（含既有使用及規劃未來供4G服務使用），介於1,280MHz至1,720MHz之間，亦反映不同市場規模大小之別。值得特別注意的是，該頻譜需求較低值（1,280MHz）對於某些國家可能仍屬偏高，而有些國家的頻譜需求可能高於較高值（1,720MHz）。有關ITU規劃2020年頻譜需求如表4-5。

表4-5 ITU規劃2020年頻譜需求

單位：MHz

市場規模	2G/3G服務頻譜需求			4G服務頻譜需求			頻譜需求合計		
	2010	2015	2020	2010	2015	2020	2010	2015	2020
市場規模較大者	840	880	880	–	420	840	840	1,300	1,720
市場規模較小者	760	800	800	–	500	480	760	1,300	1,280

資料來源：ITU, 2007/10；TTC整理

3GPP關於LTE服務頻譜規劃現況

LTE技術由3GPP提出，並經國際電信聯盟於2010年10月通過LTE-Advanced為符合IMT-Advanced系統的4G技術之一。3GPP於Release 11提出行動通信服務使用頻段及頻寬，如表4-6。

表4-6 3GPP行動通信服務使用頻段及頻寬

頻段編號	頻段名稱	上行營運頻段（基地臺接收、終端設備傳送）			下行營運頻段（終端設備接收、基地臺傳送）			分工模式
		頻段範圍（MHz）			頻段範圍（MHz）			
1	2.1GHz	1920	–	1980	2110	–	2170	FDD
2	PCS 1900	1850	–	1910	1930	–	1990	FDD
3	1800 MHz	1710	–	1785	1805	–	1880	FDD
4	AWS	1710	–	1755	2110	–	2155	FDD
5	850MHz	824	–	849	869	–	894	FDD
6（註）	850MHz（日本#1）	830	–	840	875	–	885	FDD
7	2.6GHz（IMT Ext）	2500	–	2570	2620	–	2690	FDD
8	900MHz	880	–	915	925	–	960	FDD
9	1700MHz（日本#2）	1749.9	–	1748.9	1844.9	–	1879.9	FDD
10	Ext 1.7/2.1GHz	1710	–	1770	2110	–	2170	FDD
11	1500MHz lower（日本#3）	1427.9	–	1447.9	1475.9	–	1495.9	FDD
12	Lower 700MHz	699	–	719	729	–	746	FDD
13	Upper C700MHz	777	–	787	746	–	756	FDD
14	Upper D 700MHz Public safety/private	788	–	798	758	–	768	FDD

15		保留			保留			FDD
16		保留			保留			FDD
17	Lower B,C 700MHz AT&T blocks	704	–	716	734	–	746	FDD
18	850MHz（日本#4）	815	–	830	860	–	875	FDD
19	850MHz（日本#5）	830	–	845	875	–	890	FDD
20	CEPT800	832	–	862	791	–	821	FDD
21	1500MHz（日本#6）	1447.9	–	1462.9	1495.9	–	1510.9	FDD
24	US L-Band	1626.5	–	1660.5	1525	–	1559	FDD
33	TDD 2000 Lower	1900	–	1920	1900	–	1920	TDD
34	TDD 2000 Upper	2010	–	2025	2010	–	2010	TDD
35	TDD 1900 Lower	1850	–	1910	1850	–	1910	TDD
36	TDD 1900 Upper	1930	–	1990	1930	–	1990	TDD
37	PCS Center Gap	1910	–	1930	1910	–	1930	TDD
38	IMT Extension Gap	2570	–	2620	2570	–	2620	TDD
39	中國大陸 TDD	1880	–	1920	1880	–	1920	TDD
40	2300MHz	2300	–	2400	2300	–	2400	TDD
41	US 2600	2496	–	2690	2496	–	2690	TDD
42	3500MHz	3400	–	3600	3400	–	3600	TDD
43	3700MHz	3600	–	3800	3600	–	3800	TDD
註：該頻段僅用於日本。								

資料來源：3GPP, 2012/04；TTC整理

4-3
訊務量衝擊之因應

由於智慧型手機的使用率增加，再加上行動、寬頻與雲端這三股勢力共同催生萬物互連的網路型社會風行，隨時隨地上網瀏覽的型態已將過去固網的網路服務，變成以行動裝置搭配雲端的服務型式，例如臉書（Facebook）、推特（Twitter）、數位遊戲、動畫、數位內容加值服務等，都將帶來資料海嘯的影響。根據產業預估，由於影像視訊等服務應用的大幅普及，2017年時，行動數據流量將成長15倍以上，對行動寬頻網路勢必造成重大衝擊，所以流量管理是行動業者的首要工作。

行動資料流量的分流是使用互補的網路技術，來傳遞原本壅塞的行動網路流量。分流可以從用戶端、行動業者端或兩方同時來進行。其中，用戶端作分流的是考量服務的費率與可使用較高的頻寬，而業者端進行的分流則是解決行動網路流量壅塞的問題。而目前主要用於行動數據分流的互補網路技術，分別爲Wi-Fi和毫微微細胞基地臺（Femtocell）。

重點提示

目前主要的行動資料流量的分流技術分為Femtocell和Wi-Fi。

根據Telecom Asia及Maravedis於2011年針對全球電信營運商LTE網路規劃的調查發現，Wi-Fi和Femtocell分流是目前業者傾向的分流選項，比Femtocell訊號涵蓋率稍大的超微型基地臺（Picocell）緊追在後，如圖4-9所示。

圖4-9 全球電信營運商傾向的分流選項

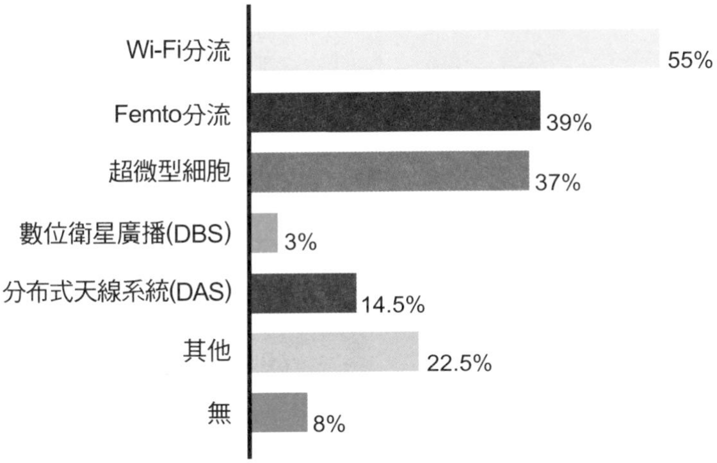

Wi-Fi分流 55%
Femto分流 39%
超微型細胞 37%
數位衛星廣播(DBS) 3%
分布式天線系統(DAS) 14.5%
其他 22.5%
無 8%

資料來源：Telecom Asia & Maravedis

Femtocell

Femtocell是一個小型行動基地臺，主要用於家庭或中小企業，其技術是透過固網寬頻網路（例如xDSL或Cable）與行動業者網路連接。目前一般家庭的Femtocell設定可支援2到4支手機，而一般企業的設定可支援8到16支手機。Femtocell可爲行動業者擴展室內的電波涵蓋率，尤其對原本電波涵蓋不到的區域，其成效最爲明顯，如圖4-10所示。雖然目前主要應用在WCDMA中，但此概念也可運用於GSM、CDMA2000、TD-SCDMA、WiMAX和LTE等系統。

圖4-10 Femtocell技術

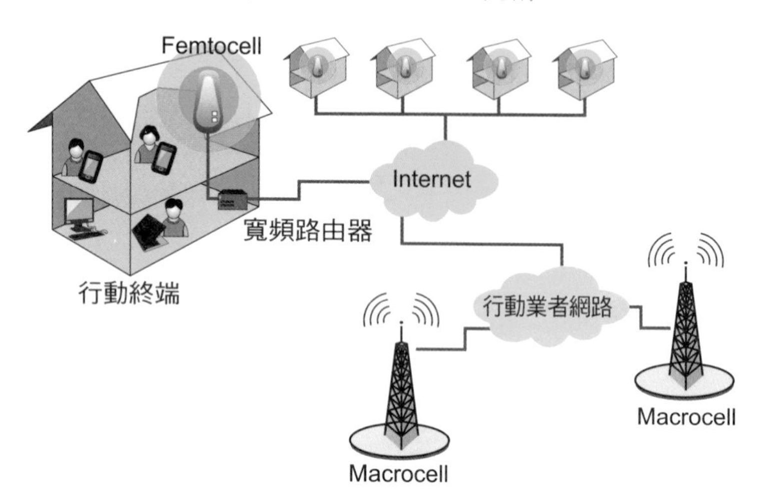

資料來源：Femto Forum

行動業者使用Femtocell可以改善涵蓋率與訊務量，尤其在室內區域，而消費者可受益於改善的涵蓋率，並可以改善語音品質與電池使用時間，業者可能也會提供優惠的費率（例如從家中發話可以打折）。

在Femtocell的架構中，企業辦公區或用戶家須放置一個由業者部署的Femtocell基地臺後，用戶即可以原有的手機與系統做連結。通常微型基地臺（Microcell）的涵蓋範圍小於2公里，超微型基地臺（Picocell）小於200公尺，而Femtocell的涵蓋範圍小於10公尺。

重點提示

有了Femtocell就能以Internet為橋樑，將原本微弱的3G信號連接到家中，以此解決家中3G信號過低的問題。

Wi-Fi分流

目前大部分能執行數據傳輸的設備和智慧型手機均具有Wi-Fi功能，在主要的使用密集區域，例如機場、酒店和市中心，皆已布有成千上萬個Wi-Fi網路，而且數目仍在迅速增長中。

由於Wi-Fi分流是一個新興的數據分流方式，能讓使用不同功能的終端設備都能應用。電信業者融合Wi-Fi網路與行動網路時，最主要考量點是如何提供用戶一個無縫式（seamless）與一致性的感受。

目前標準化工作都集中在定義行動網路和Wi-Fi網路之間是採取緊密（tight）或寬鬆（loose）的耦合方式。其中，基於3GPP的增強型通用接取網路（Enhanced Generic Access Network，EGAN）適於緊密耦合的方式，因為它規範經由Wi-Fi接取網路導引（rerouting）行動網路的信號，使Wi-Fi成為行動網路的一部分。如圖4-11所示。

圖4-11　Wi-Fi分流技術

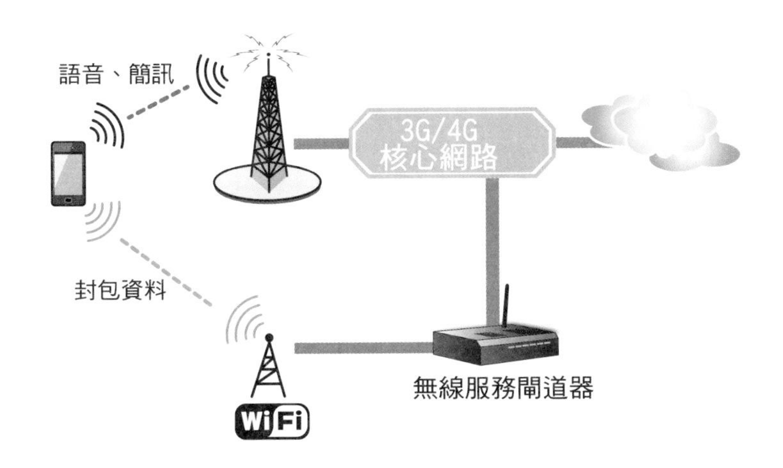

3GPP也規範了另一寬鬆耦合的Wi-Fi解決方案，稱爲互通無線區域網路（Interworking Wireless LAN, IWLAN）架構，它是經由Wi-Fi接取網路進行手機終端與業者行動核心網路之間IP資料的傳送。

另外，最簡單用來分流Wi-Fi網路資料的方法是直接連接到網際網路，這種不需耦合的方式可省略掉許多複雜的網路互通標準。因爲對於多數不須經由業者的核心網路傳送的web流量，可以經由簡單地切換將IP流量導引到Wi-Fi網路，而不須透過行動網路的連接。在這種方法中，Wi-Fi網路與行動網路是完全分開的，網路的選擇也是由一個客戶端的應用程式執行。

3GPP Release 8也提出「接取網路搜尋與選擇」（Access Network Discovery and Selection Function, ANDSF）框架，規範電信業者的網管機制須提供用戶關於接取網路的訊息，例如用戶端裝置的鄰近區域除3G接取網路外，還有哪些可用的Wi-Fi，並提供支援用戶端移動性管理，以便電信營運商在特定位置、時間爲用戶端提供最適合的接取網路服務。

目前行動網路分流到Wi-Fi網路的啓用方式，包括：

- WLAN搜尋啓用模式，是透過用戶設備定期執行WLAN掃描搜尋，當發現已知或開放的Wi-Fi網路時，則分流程序即開始啓動。
- 用戶啓用的模式，是用戶造訪網路時，會被提示哪些網路可供其選擇使用。
- 遠端管理啓用模式，是業者監控網路負載及用戶使用的情形，如果網路即將壅塞，業者將啓動分流程序。

4-4
LTE網路漫遊議題

LTE標準承襲自3GPP GSM/WCDMA系列的強大生態系統。透過市場機制之肯定，LTE作爲全球4G服務的主流技術應無庸置疑，未來全球行動寬頻服務發展，將以LTE技術爲主要依歸。但在將LTE網路商用化發展之際，仍有一些議題待克服，以使LTE服務在全球廣泛性商用化進展更加速往前邁進。其中，漫遊即是營運商須正視的重要課題之一。

LTE營運商之所以面臨漫遊課題，其主要在於全球LTE服務使用頻段支離，且有FDD與TDD模式的差異。全球LTE服務使用頻段支離之主因，爲3GPP對於使用頻段持彈性態度，形成目前LTE頻段部署可使用頻帶超過40種之多。此不僅對終端設備廠商在晶片整合形成高度挑戰，對營運商如何確保用戶在國內與海外一致的4G使用經驗，更是嚴峻課題。諸如目前Apple 4G iPad即面臨僅支援美國地區LTE服務700MHz/AWS頻段（及DC-HSPA+服務800/850/900MHz、1.9GHz、2.1GHz頻段）之窘境。

再者，依據GSA指出，2015年2G/3G/LTE全球使用人口涵蓋率分別預計爲90%、80%及30%，如圖4-12。由於未來全球2G/3G服務使用人口仍占有一席之地，顯示未來LTE須與2G/3G既有網路進行漫遊。另外，營運商亦面臨LTE與其他4G網路之互通性漫遊，諸如WirelessMAN-Advanced及TD-LTE-Advanced。此外，不同於2G/3G的電路交換式網路，4G演進至以IP爲基礎的LTE網路如何提供語音電話服務，各營運商作法不一；其主因爲語音漫遊技術標準尚未確立。

在這個多樣不斷變化的環境中，漫遊已是行動用戶使用習慣的全球經驗與普遍需求。由於LTE是行動生態系統中一個根本性的轉變，是否可將出現的挑戰轉化爲成功模式，完全取決於業者是否能做出正確的決策。儘管業者所關心的設備支援漫遊的問題會隨著生態系統更加成熟後取得解決。但是，業者仍須確保最初的LTE部署規劃有考慮到行動用戶無縫連接和漫遊於任何地方的預期；其中有幾項重要因素是業者必須思考的問題：

圖4-12 2011與2015年
2G/3G/LTE全球使用人口涵蓋率預測比較

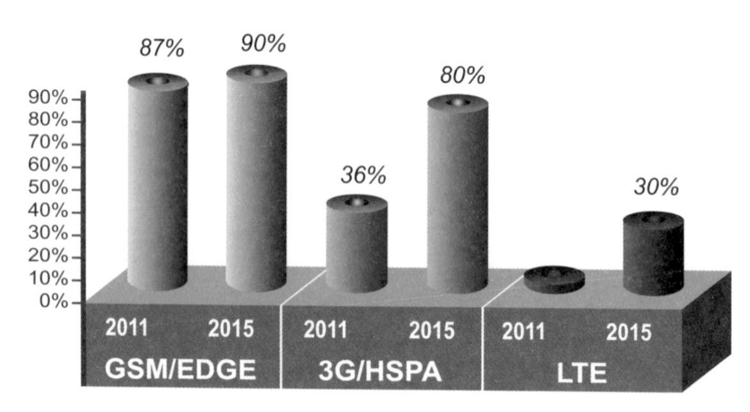

資料來源：GSA, 2012/06;TTC整理

由SS7協定轉變為Diameter協定

行動通信網路由3G演進至LTE，其間不僅從電路交換進化爲封包交換，在語音承載、漫遊信令及數據傳輸速率等方面，皆有升級。有關3G與LTE網路主要差異比較，如表4-7。

表4-7 3G與LTE網路主要差異比較

項目	3G	LTE
交換	電路	封包
語音承載	TDM語音	封包語音
漫遊信令	SS7	Diameter
用戶資訊	HLR	HSS

註：TDM（Time Division Multiple）：分時多工
SS7（Signaling System #7）：第七號信令系統
HLR（Home Location Register）：本籍位置紀錄器
HSS（Home Subscriber Server）：本籍用戶伺服器

資料來源：GSA, 2012/06;TTC整理

由於現行通信業者提供用戶在網路之間互通、無縫的漫遊經驗是基於SS7的基礎設施，但無法支援LTE的扁平且基於IP的網路架構。爲了滿足用戶對於始終連線（always-on）與無縫連接（seamless connectivity）的期待，及因應LTE網路具有的高延展性、安全可靠快速，以及全新互連互通之需求，在3GPP Rel.8中運用IETF規範的Diameter協定，作爲LTE網路的身分認證（authentication）管理、計費（charging）與策略控制（Policy Control）的介面，以及業者網路之間的信令與漫遊的基礎設施。

SS7

第七號信令系統（Signaling System 7，簡稱SS7）。電信網路裡，智慧型網路是由SS7通訊協定所控制，使用於整體服務數位網路上，SS7信令網路中各節點之功能設置乃依據其所扮演的角色而定，基本上可分為信令點與信令轉送點兩種。

透過IPX建立3G與4G橋接

對電信業者而言，網路協定由SS7進化到Diameter除了基礎設施須支援全新的協定外，協定之間也須無縫隙地協調。因此，全球行動通訊協會（GSMA）所倡議之IPX（IP Packet Exchange, IPX）是橋接二個不同協定最有效率的方式，

Diameter

Diameter協議被IETF的AAA工作組作為下一代的AAA協議標準，為各種認證、授權和計費業務提供了安全、可靠、易於擴展的框架。

IPX用於承載與確保電信業者基於IP的網路協定架構（如Diameter及SIP）之間的安全、可靠與互連的控制。

由於各營運商部署LTE網路的作法不一，業者在部署LTE網路之際，須考量與既有網路環境向前和向後兼容的能力。因IPX具有處理3G與4G通信之間技術轉接的功能，透過IPX電信業者能彌合現有3G和LTE之間的差距，而不需要改變現行3G用戶的經驗與限制4G發展的潛力。IPX除了簡化漫遊和互通性外，也可透過此單一連接點提供多重服務，並能運用網路監控工具，使業者提供更優質的服務。

運用即時（Real-time）資訊提升用戶體驗

智慧型即時資訊（Real–time intelligence, RTI）是藉由收集手機所使用的資料結合資訊分析，主動地緩解各種漫遊情境所造成的影響。以業者爲中心的RTI服務，在用戶受到網路影響之前，會先送出一個警示告知業者的行銷與維運部門，有關故障的發生與解決的情形。這種及時型的網路回應也使得業者可以預防服務的中斷及改善處理的時間，進而保持業者的品牌形象與用戶的保留。業者也可運用RTI觀測漫遊夥伴的網路品質，瞭解本網的競爭力。

以用戶爲中心的RTI服務，RTI將主動直接地提供示警資訊予用戶，例如告知他們何時將接近先前所設定的門檻（Thresholds），這種即時訊息讓用戶可以放心地使用數據服務，而不會產生過量的每月帳單費用，提升網內與網外漫遊的用戶滿意度。

藉由WIFI擴大LTE部署區外的4G經驗

初期LTE網路涵蓋範圍有限，電信業者可結合Femtocell與Wi-Fi運用分流及漫遊技術來彌補LTE網路涵蓋範圍之不足。Wi-Fi速率可媲美4G且不需使用頻率的執照，此解決方案提供電信業者可以經濟的方式擴展LTE服務，如表4-8。

表4-8　Femtocell與Wi-Fi特性比較

特性		Femtocell	Wi-Fi
涵蓋範圍	頻譜可用性	須執照 營運商既有使用頻率再使用，主要用途爲擴增網路涵蓋範圍及提高數據傳輸容量	免執照
	室內涵蓋範圍	10～30公尺（最高發射功率1～100mW）	100公尺（最高發射功率1W）
	信號干擾	有共頻道干擾課題，但可透過自我組織網路（Self Organized Networks，SON）技術改善	具備取消干擾信號功能
	網路規劃	營運商須審慎作頻率規劃，以避免信號干擾	無需特別的網路規劃

容量	數據傳輸速率	LTE：100Mbps（下行速率，2×2MIMO）	在IEEE 802.11n標準下，可達450Mbps之峰值速
		LTE-A及WiMAX 802.16m：最高1Gbps	在IEEE 802.11ac標準下，可達7Gbps之峰值速率
	數據分流	支援	3GPP正就與行動通信網路在移動性管理、控制與計費等方面的無縫隙運作，制定標準中
無縫隙通信	交遞支援	容易架構	需用戶啓動機制；無縫隙移動性方面正制定標準中
	服務品質	營運商可控制服務品質	如營運商管理Wi-Fi網路，始可控制服務品質
	終端設備支援	無需特別考量終端設備方面	終端設備需支援Wi-Fi功能（多數智慧型手機支援）
部署	部署成本	相對較高	較低

資料來源：GSA, 2012/06；TTC整理

雖然電信業者已意識到運用Wi-Fi進行分流與漫遊的潛力，但因Wi-Fi全新複雜的技術標準尚待規範，同時許多Wi-Fi無線服務的供應商，也是從傳統的網際網路範疇切入，才剛開始了解行動漫遊協議（roaming agreement）的複雜性。所幸這項挑戰未超過Wi-Fi的顯著效益，即高容量及低成本的特性。

爲確保Wi-Fi方案能契合業者網路，業者通常運用AAA proxy方式促成漫遊及分流。藉由AAA proxy的連結，業者可一步（one-step）接取全球範圍內Wi-Fi漫遊的合作夥伴，並保有較高的控制。這也讓業者有機會得較好的協議條款，提供更完善的結算與清算服務，以及無縫隙地整合現行計費服務。

AAA

Authentication, Authorization and Accounting，簡稱AAA。是指認證（Authentication）、授權（Authorization）、計費（Accounting）的遠端用戶撥入驗證服務（Remote Authentication Dial In User Service, Radius）協議的三項服務；當用戶欲進行網路存取、申請流動IP或漫遊服務時，AAA server使用RADIUS協議提供用戶認證、授權和計費的功能，並可為網路營運商提供其他加值服務的功能。

與國際合作夥伴共同打造無縫隙4G網路

全球LTE網路部署面臨的主要挑戰之一，爲頻譜資源可用性的問題。由於各國既有頻譜配置用途及隸屬區域不盡相同，個別國家所規劃4G服務使用頻率會略有差異。目前全球2G及3G服務使用頻段相當統一，分別爲900/1800MHz及2.1GHz等頻段；而綜觀3GPP關於LTE服務使用頻帶超過40種之譜，對照於2G/3G服務的使用頻段，LTE服務使用頻段則顯然相當支離。因此，頻段規劃對LTE網路間互通性甚爲重要。由於終端設備對於每個頻率區塊，須以特定無線電元件支援LTE服務。若終端設備要支援全球各地LTE服務，至少需要包容700/800/850MHz、900MHz、1.5GHz、1.8/1.9GHz、2.1GHz、2.3GHz及/或2.6GHz等主流頻段。但支援多頻多模的終端設備，不僅需要昂貴且高功耗的無線技術，更消耗電池的壽命而造成價格不斐，勢必影響LTE普及。因此，未來支援全球LTE服務的多頻多模終端設備，仍有待產業進一步的挑戰。

此外，營運商規劃LTE網路部署策略與國際接軌，也可透過與主要的漫遊市場及合作夥伴的互連性，達成用戶所預期高速且無縫隙的4G環境，如同先前3G漫遊的合作模式。在此正值3G邁向LTE之際，行動生態系統將朝向滿足消費者高傳輸速度及容量的需求，電信業者若要在4G環境中茁壯成長，必須保有一個高優先的漫遊機制，以滿足用戶無處不在覆蓋範圍與可用性的期待。

4-5 行動通信未來發展趨勢與展望

隨著ITU於2010年10月將3GPP的LTE-Advanced與WiMAX-Advanced（即IEEE 802.16m）兩組國際無線寬頻行動通訊標準，正式納入IMT-Advanced的技術後，4G主要的技術開發與標準制定可說是告一段落。尤其是3GPP LTE/LTE-A的規範與技術不但持續穩定的演進，市場規模更不斷擴大成長中。因此，針對下一階段行動通訊B4G（Beyond 4G，簡稱B4G）或Future-IMT甚至5G的未來發展，也成爲各界所關注的焦點。如圖4-13所示。

圖4-13 LTE的演進

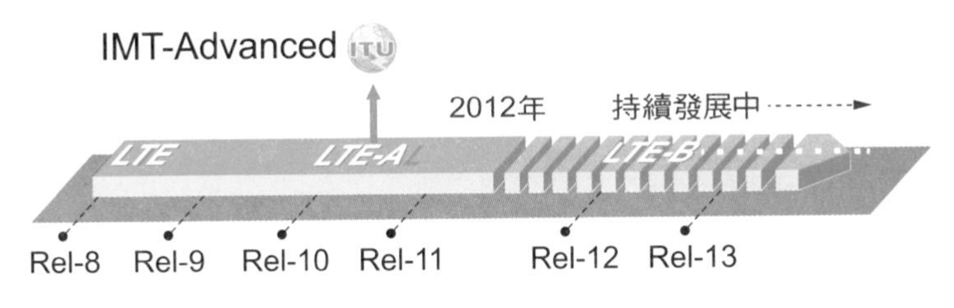

資料來源：Ericsson

而未來的行動通信除了要能持續滿足多媒體內容所衍生的大量頻寬需求外，環保綠色節能科技與經濟效率，支援多樣性的應用與流量型態，也是未來的無線通訊科技必須要考量的因素。

尋求後4G時代的技術切入點

由於智慧終端與行動寬頻日益普及，以及雲端服務快速成長，行動數據傳輸的需求以指數方式大幅增加，造成全球性的行動通信網路嚴重的超載。在行動應用服務方面，未來眾多的機器對機器等應用，促使巨量資料（big data）的不斷累積，隨著社交網路的極速擴張，勢必加劇資訊海嘯的威力。儘管目前全球4G網路布建仍在成長階段，但電信產業爲因應未來巨量資料帶來的無線傳輸的需求，已紛紛針對後4G時代的基站布建方式、頻譜效率、頻寬使用、網路技術與終端設備等面向及潛在技術，積極投入更多的資源進行研發設計，尋求下一代Beyond 4G無線通訊技術的切入點，如圖4-14。

圖4-14 未來具有潛力的無線技術

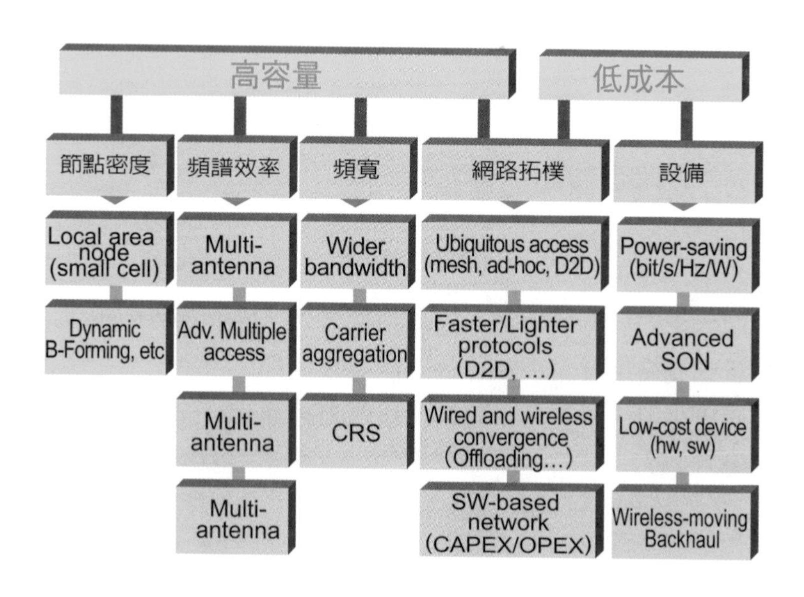

其中，在行動網路規劃方面，由於現行的巨型細胞負有廣域（wide area）的電波覆蓋（coverage）責任，無法針對熱點或室內等區域（local area）提供有效的處理，因而驅動未來的行動網路將逐漸朝向縮小細胞範圍（Cell size）與密集化（Densify）的趨勢發展，也因爲採取密集式的小細胞蜂巢設計，一方面可以解決在都市中基地臺站點難尋的問題，另一方面又可以分散現行擁擠的系統負荷。由於小細胞蜂巢基本上只由天線本體所構成，其設備可以統一集中於一處，這樣也可以進一步降低耗電量並節省營運及維護成本。因此，小細胞蜂巢（small cell）的設計不僅將帶動各種相關創新的應用，更是未來行動通訊系統的趨勢之一，如圖4–15所示。

圖4-15 小細胞的創新應用

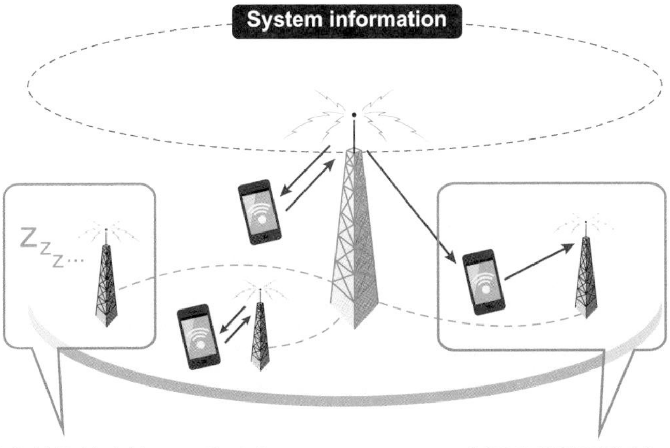

資料來源：Ericsson

行動終端設備間通訊（D2D）

行動終端設備間通訊（Device-to-Device, D2D）也是B4G的重要議題，由於D2D技術具有「智慧搜尋」（Discovery）、「直接通訊」（direct communication）、「內容感知資料交換配對」（Pairing）以及「安全傳輸」（Secure Channel）等新功能，能在用戶終端、機械、汽車等裝置間，提供快速便利及安全的通訊品質，並能因應不斷擴展的社群網路、在地與行動（Social, Local and Mobile, SoLoMo ）需求，提供使用者適地服務 （Proximity-based Services）。同時，當D2D通訊被整合於行動網路後，不僅可協助延伸行動網路服務範圍，在網路控制下亦允許行動終端之間，運用4G LTE或無線區域網路（Wi-Fi），自組獨立網路並相互傳輸資料，而毋須再經由後端基地臺處理，藉以達到分散網路流量。

此外，D2D也具有公共安全所需的功能，如中繼轉傳、群組通訊 （Group Communication）、適地性服務廣播以及在無網路支援下的裝置間通訊。例如，美國近期通過一項總投資金額高達70億美元的法案，將以D2D技術強化公共安全管理。

D2D技術之所以變成熱門議題，是爲了因應4G後兩個主要發展的走向：一是持續對既有的廣域（wide-area）行動通訊進行優化，提高系統性能；另一則是朝區域化（local-area）進行改善，包括small cell、D2D等。而區域化的驅動力則來自兩方面：一是網路負載日趨沉重，智慧型手機普及與吃到飽通訊費率，使得既有網路漸感不堪負荷；其次，社群網路的流行，區域型資訊交換或適地性服務逐漸受到重視，都有利於採取D2D通訊技術來運作。

隨時隨地的連網環境

未來的網路世界將會融合眾多不同的管道（pipes），無線網路將由各式多元的無線接取方式所組成，任何時間/任何地方都能便利的接取分享資訊以及進行機器通信，使個人化服務始終具有最佳的連接環境。

特別值得注意的是，電信業者未來無線寬頻網路的發展，內容（content）仍然是最重要的關鍵。無論是雲端技術的崛起、或者是由大量的機器與機器之間，所形成的物聯網通訊等，都將引爆使用者對寬頻無線網路的大量需求，由於各產業將因網路環境的改變帶來產業變革，電信業者與OTT服務者之間的競合，也將會是未來的挑戰與重要議題。

全球LTE營運商與營運起日

資料來源：GSA, 2012/11; TTC整理（2012年11月2日止，依營運日序）

國家	區域	營運商	營運起日
挪威	歐洲	TeliaSonera	2009/12/14
瑞典	歐洲	TeliaSonera	2009/12/14
烏茲別克	歐洲	MTS	2010/7/28
烏茲別克	歐洲	Ucell	2010/8/8
波蘭	歐洲	Aero2	2010/9/7
美國	美洲	MetroPCS	2010/9/21
奧地利	歐洲	A1 Telekom	2010/11/5
瑞典	歐洲	TeleNor	2010/11/15
瑞典	歐洲	Tele2	2010/11/15
香港	亞太	CSL	2010/11/25
芬蘭	歐洲	TeliaSonera	2010/11/30
德國	歐洲	Vodafone	2010/12/1
美國	美洲	Verizon	2010/12/5
芬蘭	歐洲	Elisa	2010/12/8
丹麥	歐洲	TeliaSonera	2010/12/9
愛沙尼亞	歐洲	EMT	2010/12/17
日本	亞太	NTT DoCoMo	2010/12/24
德國	歐洲	T-Mobile	2011/4/5
菲律賓	亞太	Smart Comm	2011/4/16
立陶宛	歐洲	Omnitel	2011/4/28
拉托維亞	歐洲	LMT	2011/5/31
新加坡	亞太	MobileOne	2011/6/21
韓國	亞太	SK Telecom	2011/7/1
韓國	亞太	LG U+	2011/7/1
德國	歐洲	Telefónica	2011/7/1
加拿大	美洲	Rogers	2011/7/7
奧地利	歐洲	T-Mobile	2011/7/28

美國	美洲	Mosaic	2011/7
加拿大	美洲	Bell Mobility	2011/9/14
沙烏地阿拉伯	中東	Mobily	2011/9/14
沙烏地阿拉伯	中東	STC	2011/9/14
沙烏地阿拉伯	中東	Zain	2011/9/14
美國	美洲	AT&T	2011/9/18
阿拉伯聯合大公國	中東	Etisalat	2011/9/25
澳洲	亞太	Telstra	2011/9/27
丹麥	歐洲	TDC	2011/10/10
奧地利	歐洲	3	2011/11/18
波多黎各	美洲	AT&T	2011/11/20
波多黎各	美洲	Claro	2011/11/24
吉爾吉斯斯坦	歐洲	Saima	2011/12/9
巴西	美洲	Sky	2011/12/13
芬蘭	歐洲	DNA	2011/12/13
烏拉圭	美洲	Antel	2011/12/13
美國	美洲	Cricket	2011/12/21
新加坡	亞太	SingTel	2011/12/22
科威特	中東	Viva	2011/12/27
亞美尼亞	歐洲	VivaCell	2011/12/28
巴林	中東	Viva	2012/1/1
匈牙利	歐洲	T-Mobile	2012/1/1
韓國	亞太	KT	2012/1/3
俄羅斯	歐洲	Yota	2012/1/15
加拿大	美洲	TELUS	2012/2/10
美國	美洲	Peoples Telephone	2012/2/14
日本	亞太	SoftBank	2012/2/24
葡萄牙	歐洲	TMN	2012/3/12

葡萄牙	歐洲	Vodafone	2012/3/12
葡萄牙	歐洲	Optimus	2012/3/15
日本	亞太	eAccess	2012/3/15
美國	美洲	US Cellular	2012/3/22
克羅埃西亞	歐洲	T-Mobile	2012/3/23
克羅埃西亞	歐洲	VIPNet	2012/3/23
美國	美洲	Panhandle	2012/3
白俄羅斯	歐洲	Yota	2012/4/1
印度	亞太	Bharti	2012/4/10
安哥拉	亞太	Movicel	2012/4/14
波多黎各	美洲	Open Mobile	2012/4/19
摩爾多瓦	歐洲	IDC	2012/4/21
瑞典	歐洲	3	2012/4/23
香港	亞太	China Mobile HK	2012/4/25
香港	亞太	PCCW	2012/4/25
美國	美洲	Cellcom	2012/4/30
美國	美洲	Poineer Cellular	2012/4/30
荷蘭	歐洲	Vodafone	2012/5/1
香港	亞太	3	2012/5/2
荷蘭	歐洲	Ziggo	2012/5/3
荷蘭	歐洲	Tele2	2012/5/8
荷蘭	歐洲	KPN	2012/5/11
荷蘭	歐洲	T-Mobile	2012/5/11
那米比亞	非洲	MTC	2012/5/16
美國	美洲	BendBroadband	2012/5/17
坦尚尼亞	非洲	Smile	2012/5/30
阿拉伯聯合大公國	中東	Du	2012/6/12
哥倫比亞	美洲	Une-UPM	2012/6/14
亞塞拜然	歐洲	Azercell	2012/6/19

捷克	歐洲	Telefónica	2012/6/19
模里西斯	中東	Orange	2012/6/21
英國	歐洲	UK Broadband	2012/6/28
關島	亞太	IT&E	2012/6/28
匈牙利	歐洲	Telenor	2012/7/5
多明尼加	美洲	Orange	2012/7/9
斯洛維尼亞	歐洲	Si.mobil	2012/7/12
美國	美洲	Sprint	2012/7/15
阿曼	中東	Omantel	2012/7/16
澳洲	亞太	Optus	2012/7/31
模里西斯	中東	Emtel	2012/7
斯洛伐克	歐洲	Telefónica	2012/8/2
香港	亞太	Smartone	2012/8/28
俄羅斯	歐洲	MTS	2012/9/1
美國	美洲	C Spire Wireless	2012/9/10
香港	亞太	StarHub	2012/9/19
日本	亞太	KDDI	2012/9/21
日本	亞太	SoftBank	2012/9/21
加拿大	美洲	MTS	2012/9/25
丹麥	歐洲	3	2012/9/28
菲律賓	亞太	Globe	2012/9/28
盧森堡	歐洲	Tango	2012/10/1
關島	亞太	DoCoMo Pacific	2012/10/4
塔吉克	歐洲	Babilon	2012/10/6
挪威	歐洲	TeleNor	2012/10/10
南非	非洲	Vodacom	2012/10/10
美國	美洲	Alaska Communications	2012/10/12
盧森堡	歐洲	Orange	2012/10/29
英國	歐洲	Everything Everywhere	2012/10/30

3GPP Technical Report, TR 23.882、TR 23.888

3GPP Technical Report, TR 25.913

3GPP Technical Report, TR 36.806、TR 36.814、TR 36.819、TR 36.912、TR 36.913

3GPP Technical Specification, TS 23.107、TS 23.203、TS 23.207、TS 23.272、TS 23.401、TS 23.402

3GPP Technical Specification, TS 24.301、TS 24.302

3GPP Technical Specification, TS 33.401

3GPP Technical Specification, TS 36.211、TS 36.300、TS 36.302、TS 36.331、TS 36.355、TS 36.401

3GPP IMT-Advanced Evaluation Workshop，Beijing, China, 2009-12.

3GPP MCC, The Evolved Packet Core, Frédéric Firmin, 2012.

4G Americas, Our Mobile Broadband World, 2011/11

4G Americas, Developing Integrating High Performance HET-NET, 2012-10.

4G Americas, New Wireless Broadband Applications and Devices: Understanding the impact on networks, 2012-05.

4G Trends, Building the Future of M2M with 4G, Yankee Group John Keough, 2011-12.

ACMA, Proposed Lot Configuration 700 MHz and 2.5 GHz Bands," press release, 2012/02

ACMA, Communications Report 2010 - 2011, 2011/12

ACMA, Overview of Licence Commencement Issues, 2011/12

ACMA, The 900 MHz Band-Exploring New Opportunities: Initial consultation on Future Arrangements for the 900 MHz band, 2011/05

ACMA, Five-year Spectrum Outlook 2011-2015 : ACMA's Spectrum Demand Analysis and Indicative Work Programs for the Next Five Years, 2011/03.

ACMA, Review of the 2.5 GHz Band and Long-term Arrangements for ENG, Discssion paper, 2010/01

Agilent, 3GPP Long Term Evolution: System Overview, Product Development and Test Challenges, 2009-09.

Agilent, Introducing LTE-Advanced, 2011-03.

Agilent, LTE-Advanced Overcoming Design Challenges for 4G PHY Architectures, 2011-10.

Agilent, MIMO in LTE Operation and Measurement—Excerpts on LTE Test, 2010-01.

Alcatel-Lucent, 6 Key Trends Driving the Evolution to LTE, Mary Chan, 2009-07.

Alcatel-Lucent, The LTE Network Architecture-A comprehensive tutorial, 2009-12.

Alcatel-Lucent, The Path to 4G: LTE and LTE-Advanced, James Seymour, 2010-10.

Cisco, Visual Networking Index: Global Mobile Data Traffic Forecast Update 2011-2016, 2012/02

Cisco, Visual Networking Index: Forecast and Methodology, 2010-2015, 2011/06

DCMS, Enabling UK Growth - Releasing Public Spectrum: Making 500 MHz of Spectrum available by 2020, 2011/03

Deloitte, Open Mobile: the Growth Era Accelerates, 2012

EE, Everything Everywhere Announces Major Steps towards a 4G Future, 2012/02

Ericsson, Hetnets - the solution to managing end-user expectations of capacity and speed, press information, 2012-02.

Ericsson, LTE-Advanced and Beyond Future Radio Access, Dr. Stefan Parkvall, 2012-02.

Ericsson, LTE an Introduction, 2011-09.

Ericsson, Latency Improvements in 3G Long Term Evolution, Blajić, D. Nogulić, M. Družijanić, 2007-02.

Ericsson, Positioning with lte white paper, 2011-09.

Ericsson, Towards Heterogeneous Networks, Jyri Hämäläinen, 2012-02.

Ericsson, Traffic and Market Data Report, 2012-02.

Ericsson, Voice and video calling over LTE, 2012-02.

Ericsson, 4G Long Term Evolution (LTE) - How long can it be, Dr. Gunnar Bark, 2012-03.

Ericsson outlook, 物聯網時代的電信營運商機會, 2011-Q3.

Ericsson outlook, 行動寬頻模組在「網路型社會」中的定位, Ericsson Mats Norin, 2011-05.

Ericsson outlook, 行動、寬頻 跨越成長－展望2012電信產業趨勢未來, Ericsson outlook, 2012-Q1.

ETRI, Future access network technologies for B4G and 5G, 2012-10.

ETRI, IMT-Advanced Standardization Status and Future in ITU-R WP5D, Sun Bae Lim, 2010-03.

ETSI, Machine-to-Machine communications (M2M), David Boswarthick , 2011-02。

EU, Perspectives on the Value of Shared Spectrum Access: Recommendations and Next Steps, SCF Associates, 2011/12

FCC, Chairman's Remarks on New Jersey Apps Challenge, 2012/04

FCC, News Apps Challenge, press release, 2012/04

FCC, Connecting America: the National Broadband Plan, 2010/03

FCC, Annual Report and Analysis of Competitive Market Conditions with respect to Mobile Wireless, including Commercial Mobile Services, 2011/06

FCC, Overview of Due Diligence and Licensing Parameters: 700 MHz Band, 2007/11

Gartner, Worldwide Smartphone Sales Soared in Fourth Quarter of 2011 with 47 Percent Growth, press release, 2012/02

GSA, Status of the LTE Ecosystem, 2012/07

GSA, Evolution to LTE Report, 2012/06

GSA, Global LTE Market Update, 2012/06

GSA, HSPA, HSPA+ and LTE Developments Worldwide, 2012/03

GSA, Spectrum Management for IMT (2G/3G/4G) Networks, Telefónica, 2012/03

GSA, GSM/3G and LTE Market Update, 2011/03

GSA, LTE 1800 Network - Vendor View, 2011/03

GSA, Spectrum: Using What We've Got, Telstra, 2012/03

GSA, How Wi-Fi and Femtocells complement one another to Optimize Coverage and Capacity, 2012-06.

GSA, LTE Roaming: Customer Expectations/Requirements, 2012-06.

GSMA, Mobile Broadband in the 1800MHz Band, 2011-07.

IECQ報導，爆炸性之通訊技術-MIMO多天線技術之發展及應用，廖建興，2003-09.

IECQ報導，智慧型天線及其在未來無線通訊系統的發展運用，林高洲，2003-08.

ITU, Wireless Broadband Master Plan: Introduction, Survey Results & Outcomes, 2012/04

ITU, Wireless Broadband Technologies and Deployment in Japan, MIC 2012/04

ITU, Assessment of the Global Mobile Broadband Deployments and Forecasts for International Mobile Telecommunications, 2012/01

ITU, Key ICT indicators for the ITU/BDT Regions, 2011/11

ITU, The World in 2011 - ICT Facts and Figures, 2011/11

ITU, World Radiocommunication Conference concludes after four weeks: International Treaty Sets Future Course for Wireless, 2007/11

ITU, The Internet of Things, Internet Reports 2005.

ITU, What is IMT2000, Saura, 2002-07.

ITU-BWA, BWA Standard and Spectrum, Jose M. Costa, 2007-11.

ITU-R M.1645 Framework and overall objectives of the future development of IMT-2000 and systems beyond IMT-2000, 2003-06.

ITU-R M.2133 Requirements, evaluation criteria and submission templates for the development of IMT-Advanced, 2008-12.

ITU-R M.2134 Requirements related to technical performance for IMT-Advanced radio interface(s), 2008-12.

ITU-R M.2135-1 Guidelines for evaluation of radio interface technologies for IMT-Advanced, 2009-12.

ITU-R M.2012 Detailed specifications of the terrestrial radio interfaces of International Mobile Telecommunications Advanced (IMT-Advanced), 2012-01.

ITU-R M.2243 Assessment of the global mobile broadband deployments and forecasts for International Mobile Telecommunications, 2011-10.

ITU-R, IEEE 802.16 Candidate Proposal for IMT-Advanced, Dresden Germany, ITU-R WP 5D Third Workshop 2009-10.

ITU-T, Cloud Computing Benefits from Telecommunication and ICT perspectives (Part 7), 2012-02.

KDDI, Financial Results of the Fiscal Year Ended March 2012, 2012/04

LTE differentiation: it's all in the packaging, John C. Tanner, Telecom Asia 2011-09.

Mobile Communication International, Five Critical LTE Roaming Considerations, Syniverse Mary Clark, 2011-10.

Motorola, Long Term Evolution (LTE): A Technical Overview, 2007-06.

NCC News, 電波監測新挑戰, 資源管理處, 2011-09.

NCP Newsletter, 機器對機器連網 (M2M Networking)技術挑戰,臺灣大學資訊工程系 黃坤豐、林風, 2012-01.

NCP Newsletter, 合作式通訊於LTE-A系統之標準現況與發展, 交通大學電子工程學系 黃經堯/周建銘, 2011-09.

Network World Asia, Watch out for the Mobile Cloud, Victor Ng, 2012-04.

Nokia Siemens Networks, Performance of 3GPP Rel-9 LTE Positioning Methods, 2010-06.

Nokia Siemens Networks, Dynamic Relaying in 3GPP LTE-Advanced Networks, Oumer Teyeb,Vinh Van Phan, Bernhard Raaf, and Simone Redana, 2009-01.

NTT DoCoMo, Factbook, 2012/05

NTT DoCoMo, Actions for New Growth, 2012/03

NTT DoCoMo, Medium-Term Vision 2015: Shaping a Smart Life, 2011/11

NTT DoCoMo, Further Enhancements of LTE - LTE Release 9, Technical Journal 2010-05.

NTU, Introduction to Long-Term Evolution (LTE), Dr. Phone Lin, 2009-12.

Ofcom, Assessment of Future Mobile Competition and Award of 800 MHz and 2.6 GHz, Statement, 2012/07

Ofcom, 800 MHz and 2.6 GHz Spectrum Award, 2012/07

Ofcom, Notice of Proposed Variation of Everything Everywhere's 1800 MHz Spectrum Licences to Allow Use of LTE and WiMAX Technologies, Consultation, 2012/03

Ofcom, Second Consultation on Assessment of Future Mobile Competition and Proposals for the Award of 800 MHz and 2.6 GHz Spectrum and Related Issues - Annex 6: Revised Competition Assessment, 2012/01

Ofcom, Consultation on Assessment of Future Mobile Competition and Proposals for the Award of 800 MHz and 2.6 GHz Spectrum and Related Issues, 2011/03

Ofcom, Statement on Variation of 900 MHz and 1800 MHz Wireless Telegraphy Act Licences, 2011/01

Ofcom, Spectrum Framework Review, 2005/06

Optus, Optus to Build Faster 4G Network with Acquisition of Vividwireless, 2012/02

Optus, Optus Announces a More Interactive Mobile Future with 4G Rollout, 2011/09

Rohde & Schwarz, Voice and SMS in LTE White Paper, C. Gessner, O. Gerlach, 2011-05.

Rohde & Schwarz, LTE Transmission Modes and Beamforming White Paper, Bernhard Schulz, 2011-10.

Rohde & Schwarz, LTE-Advanced Technology Introduction White Paper, Meik Kottkamp, 2010-07.

Sierra Wireless, The LTE Opportunity Connected Devices Meet LTE, 2011-04.

TMNG Global, 4G Services-Market Opportunities and Implications, Patrick Hayes、Armaghan Farooq, 2010-Q1.

Telecom Asia, Taking the lead and keeping it with VAS, Gartner Jean-Claude Delcroix, 2012-04.

Telecom Asia, Time to embrace the 'enemy', Joseph Waring, 2011-02.

Telstra, Telstra to launch 4G mobile broadband Network by end 2011, 2011/02

TTA, Forecast of Mobile Broadband Development in the Asia-Pacific Region, 2011

UMTS Forum Summary of Recent Activities 2010-2011, UMTS Forum Chairman Jean-Pierre Bienaimé, 2011-04.

Verizon, Verizon's First Residential Wireless Broadband Solution Harnesses High Speed of 4G LTE Network, 2012/03

WiMAX Forum, WiMAX and the IEEE 802.16m Air Interface Standard, 2010-04.

工研院, 3GPP RAN Workshop on Release 12 and Onwards, and 3GPP TSG RAN #56會議報告, 王竣彥、顏嘉邦、陳俊嘉、邱哲盛, 2012-06.

工研院,「4G技術應用與Beyond 4G技發展趨勢研討會」重點紀要, 2012-10.

工研院資通所, 4G and Beyond技術發展趨勢, 鄭泰源、任芳慶、鄭雅坪, 2012-06.

工研院資通所, 3GPP LTE-A下行傳輸之多點協調技術介紹, 何從廉, 2011-12.

工研院資通所, D2D適地服務技術驅動未來數位經濟, 高慧君、宋庭禎, 2012-09.

工研院資通所, LTE-Advanced系統之載波聚合技術簡介, 王竣彥, 2010-08.

工研院資通所, 下世代無線通訊技術, 鄭泰源、鄭雅坪, 2011-11.

華銀徵信室, 3G行動電話發展史, 陳俊穎, 2003-04.

創新發現誌, 移動運算是未來大商機, 林富元, 2011-04.

國立交通大學資訊工程系, LTE架構、協定與效能, 郭昱賢/林盈達 2011-09.

科學發展月刊, 當紅炸子「機」行動電話的發展, 國立科學工藝博物館 蘇芳儀, 2004-06.

資策會, LTE商用服務與語音技術發展現況, MIC研究報告 鐘國晉, 2011-08.

資策會, 台灣電信業者於行動雲端發展現況, 王蓁蒂, 2012-04.

新通訊元件雜誌, 尋找手機位置資訊比較多種手機定位技術AGPS勝出, 賴盈霖, 2006-01.

新通訊元件雜誌, 提升頻譜使用效率LTE多天線技術優勢顯著,資策會網多所無線中心 黃麗芳, 2010-10.

新通訊元件雜誌, 邁向全IP扁平化架構LTE SAE掀行動網路新革命, 資策會網路多媒體研究所 許亨仰, 2009-09.

新通訊元件雜誌, 4G潮流銳不可當 LTE-Advanced箭在弦上, 羅德史瓦茲程建豫, 2011-02.

新通訊元件雜誌, NAS_MAC_PHY各司其職LTE通訊協定預埋4G伏筆, 資策會網路多媒體研究所 許亨仰, 2009-10.

新通訊元件雜誌, 3GPP呼聲震天價響LTE實體層技術擂鼓助威,資策會網路多媒體研究所 簡均哲/邱聖倫/蔡宗諭, 2010-09.

新通訊元件雜誌, 3GPP邁向新標準LTE大廠布局專利與技術之爭正式展開, 工研院 黃鏗銘, 2005-12.

新電子科技雜誌, 讓WiMAX展現極致效能MIMO OFDM技術完整解析, 李大嵩/曾凡碩, 2005-03.

新電子科技雜誌, 自由切換連線 待機狀態LTE閒置模式力拼省電效益, 資策會智慧網通系統研究所 江信毅/林鈺翔, 新電子科技雜誌 2012-01.

新電子科技雜誌, 紓解網路頻寬不足問題電信大咖力拱D2D標準, 黃耀瑋, 新電子科技雜誌 2012-08.

新電子科技雜誌, 實現1Gbit s高速傳輸LTE-Advanced大顯身手, 安捷倫 吳建樺, 2011-09.

新電子科技雜誌, 打通NAS/AS基地台管理環節LTE用戶端系統運行無阻, 資策會網多所 邱子哲/蕭玉芳, 2011-08.

新電子科技雜誌, DRX節電機制助力LTE終端裝置節能有一套, 資策會智慧網通系統研究所 林鈺翔/中山大學電機系 周孜燦, 2011-09.

維基百科 Wikipedia

4G生活大未來

建議售價・380元

技術執筆群・胡志男、周傳凱等編著

文字修潤・水邊、吳適意

企劃統籌・白象文化

繪圖・何佳諠、賴澧淳、柯麗卿

發 行 人・洪若用

出　　版・財團法人電信技術中心

地址：高雄市路竹區路科一路3號（高雄科學園區）

電話：07-6955001

代理經銷・白象文化事業有限公司

台中市402南區美村路二段392號

經銷、購書專線：04-22652939　傳真：04-22651171

印　　刷・基盛印刷工場

版　　次・2013年（民102）二月初版一刷

設計編印　白象文化

www.ElephantWhite.com.tw

press.store@msa.hinet.net

國家圖書館出版品預行編目資料

4G生活大未來／胡志男、周傳凱等編著. --初版.--
高雄市：財團法人電信技術中心，民102.02

面：　公分.

ISBN 978-986-89129-0-8（平裝）

1.無線電通訊業　2.行動電話　3.寬頻網路　4.技術發展

484.6　　101026948